Orientação para estágio em Secretariado: Trabalhos, Projetos e Monografias

Dados Internacionais de Catalogação na Publicação (CIP)
(Câmara Brasileira do Livro, SP, Brasil)

Anna Cecilia de Moraes Bianchi
Orientação para estágio em secretariado : trabalhos, projetos e monografias / Roberto Bianchi, Marina Alvarenga, — São Paulo : Cengage Learning, 2003.

Bibliografia.
ISBN: 978-85-221-0326-3

1. Estágio — Programas 2. Secretariado — Estudo e ensino (Estágio) 3. Trabalhos científicos — Metodologia I. Alvarenga, Marina. II. Anna Cecilia de Moraes Bianchi. III. Título.

02-5341 CDD-651.3741071

Índices para catálogo sistemático:

1. Estágio : Secretariado : Administração 651.3741071
2. Secretariado : Estágio : Administração 651.3741071

Orientação para estágio em Secretariado: Trabalhos, Projetos e Monografias

ANNA C. DE MORAES BIANCHI
MARINA ALVARENGA
ROBERTO BIANCHI

CENGAGE

Austrália • Brasil • México • Cingapura • Reino Unido • Estados Unidos

CENGAGE

Orientação para Estágio em Secretariado: Trabalhos, Projetos e Monografias

Anna C. de Moraes Bianchi
Marina Alvarenga
Roberto Bianchi

Gerente Editorial: Adilson Pereira

Editora de Desenvolvimento: Eugênia Pessotti

Supervisor de Produção Editorial: Fábio Gonçalves

Produtora Gráfica: Patricia La Rosa

Copidesque: Janice Yunes

Revisão: Silvana Gouveia e Isaías Zilli

Editoração Eletrônica: Macquete

Capa: Lummi Produção Visual e Assessoria Ltda.

ISBN 13: 978-85-221-0326-3
ISBN 10: 85-221-0326-7

Cengage Learning
Condomínio E-Business Park
Rua Werner Siemens, 111 – Prédio 11 – Torre A – Conjunto 12
Lapa de Baixo – CEP 05069-900 – São Paulo – SP
Tel.: (11) 3665-9900 – Fax: (11) 3665-9901
SAC: 0800 11 19 39

Para suas soluções de curso e aprendizado, visite **www.cengage.com.br**

Impresso no Brasil
Printed in Brazil

Dedicatória

Aos alunos, que nos estimulam a buscar sempre a infinitude do conhecimento.

A todas as secretárias e secretários dedicados e atentos às suas obrigações.

Agradecimentos

Aos colegas das disciplinas profissionalizantes, que colaboraram conosco na difícil, mas compensadora tarefa, indispensável nas instituições do mundo atual, de unir teoria e prática no Estágio Curricular Supervisionado.

Luz. Vida. Amor.

A todos aqueles que abraçam a educação e o ensino como profissão e aos que dependem desses mestres.

Apresentação

Quando se faz referência a estágio e especificamente a estágio curricular, deve-se lembrar de que o estagiário não é necessariamente estudante universitário. O Ensino Médio, a educação profissional de níveis médio e superior ou de escolas de educação especial também enviam alunos para o mercado de trabalho. Entretanto, na universidade, o enfoque desta atividade pode e deve ser mais complexo.

Os estágios são realizados por alunos que conseguem um trabalho temporário previsto em lei, ou pelos empregados em uma firma que, com a aquiescência de seus superiores, realizam nesse mesmo local o estágio acadêmico.

Pretende-se que a estada dos alunos que obtêm estágios temporários nas organizações esteja de acordo com o nível de ensino em que se encontram. Da mesma forma, os que são funcionários devem aplicar os conhecimentos resultantes de seus estudos no local em que trabalham, dedicando momentos oportunos para realizar o estágio, observando, anotando, realizando entrevistas e recolhendo o material necessário para elaborar seu projeto e, posteriormente, o relatório ou monografia.

Se os estudantes utilizarem na prática o que aprendem teoricamente na escola poderão abrir campos amplos de aplicação para esse aprendizado. Elaborar um projeto com orientação e desenvolvê-lo durante o Estágio Curricular Supervisionado, para depois redigir o relatório, é a oportunidade de ter em mãos um dos meios de exercitar criatividade e independência.

O mais relevante é saber que essas atividades ligadas ao estágio — projeto e relatório — podem servir de embasamento para outras tarefas, a exemplo do atual Trabalho de Conclusão de Curso (TCC), do Trabalho de Graduação Integrado (TGI) e outros.

Orientar e conduzir o aluno no planejamento de suas atividades é ensiná-lo a prever sua atuação em tarefas da futura profissão de modo técnico e preciso. É ainda oferecer-lhe oportunidade de compreender que para a maior parte das ações e empreendimentos, o hábito de organizar e planejar abre espaço para visões mais amplas, claras e criativas não somente com referência à profissão, como também nas questões familiares, sociais, políticas e outras em que se veja envolvido.

O estágio assemelha-se a um quebra-cabeça, cuja montagem vai aos poucos se concretizando e que, ao final, traz a satisfação do resultado obtido. É um desafio que leva à conclusão de como é bom aprender.

A proposta para o encaminhamento das atividades de estágio contidas neste livro é fruto de muitos anos de experiência e trabalho conjunto. Espera-se que as ações aqui apresentadas colaborem para que estudantes e professores se unam cada vez mais, visualizando um bem-sucedido futuro para os egressos de nossas escolas.

Sumário

Introdução

Secretariado executivo é uma profissão de destaque indiscutível na sociedade atual. Devido à importância de quem atua nesse campo, seja em organizações mais simples ou naquelas mais complexas e de grande porte, observa-se que se exige desse profissional uma gama de qualidades excepcionais, sejam eles homens, mulheres, jovens ou adultos.

O secretário exerce um papel de extrema confiança e sua responsabilidade torna-se ainda mais marcante quando atua em altos cargos que envolvam locais de trabalho em que a discrição é extremamente necessária.

Para o professor que leciona no Curso de Secretariado, a expectativa em torno de resultados é grande. As habilidades esperadas dos que exercerão essa profissão, como: iniciativa, bom senso, maturidade emocional, firmeza de caráter e conhecimentos gerais, entre outras, representam um compromisso para esses mestres e para a instituição em que atuam.

O perfil esperado do egresso das universidades do Curso de Secretariado Executivo exige empenho em encaminhar o aluno para perspectivas claras e precisas de sua profissão (as quais, certamente, todos os universitários devem conhecer). Por esse motivo, durante o estágio, deve-se dar ensejo ao estudante de verificar sua vocação e competência.

A proposta de Diretrizes Curriculares supervisionada pela Comissão de Especialistas de Ensino de Administração (CEEAD), em exame no Conselho Nacional de Educação, refere-se ao perfil dos egressos como:

> *Aptos a atuar em um mercado altamente competitivo e em constantes transformações, deverão desenvolver uma gestão competente, controlando e coordenando seu espaço de atuação, de maneira a manter a estrutura organizacional otimizada seja de direito público ou privado. Atuar como* ***Assessor Executivo*** *— sendo o agente executor e multiplicador mais próximo dos centros de deliberações dos processos decisórios; como* ***Gestor*** *— veicular a prática do exercício de atribuições e responsabilidades das funções de Secretário Executivo — exercer as funções gerenciais (capacidade de planejar, organizar, implantar e gerir programas de desenvolvimento); como* ***Empreendedor*** *— promover as idéias e as práticas inovadoras — competência para implantar resoluções alternativas e inovadoras, bem como capacidade crítica reflexiva e criativa; como* ***Consultor*** *— entender a empresa e a sua cadeia produtiva, a sua razão de ser, seus objetivos e políticas, trabalhar com a cultura da organização, transformando-as em oportunidades utilizando os novos conhecimentos para aprimorar estratégias em vantagens competitivas, analisar criticamente as organizações, antecipando e promovendo suas transformações. (Carvalho e Andrade: In: MEC. 1998:7)*

A partir desse perfil descrito por especialistas, procuramos tornar este livro — que esperamos seja para o estudante um manual orientador de atividades acadêmicas e, futuramente, um companheiro para execução de trabalhos em sua profissão — um norteador de novas idéias e auxiliar de atividades para a concretização de projetos dignos da função que exercerá como secretário executivo.

Dar ênfase à multidisciplinaridade faz parte das proposições aqui contidas. O objetivo é proporcionar ao aluno oportunidade de aplicar o que aprendeu na universidade nas diversas disciplinas.

Neste livro, uma das propostas é a elaboração e execução de projetos que terão como seqüência relatórios ou monografias fundamentados nas etapas da Metodologia do Trabalho Científico.

Nos dias de hoje, a estatística é, sem dúvida, um fator imprescindível nas informações para a leitura, compreensão e análise de ocorrências, que facilitam a compreensão dos interessados em diversos assuntos ou setores vinculados às profissões. Por esse motivo, foi incluído um capítulo sobre sua aplicação. Espera-se que alunos sejam incentivados a usá-la em seus trabalhos.

Certamente, fazem parte da multidisciplinaridade as disciplinas básicas, com vistas às informações gerais adequadas e redação isenta de erros e as profissionalizantes, visando a que os trabalhos, em especial os relatórios, contenham informações corretas sobre os temas escolhidos nos projetos.

A partir do Capítulo 2, este livro pode ser considerado um manual, cuja finalidade é ensinar a elaborar projetos e relatórios para a realização de estágios bem executados, com disciplina e aproveitamento. Mas o Capítulo 1 deve ser lido como incentivo e apoio, pois o seu objetivo é estimular o aluno a alcançar resultados positivos.

Este é um livro elaborado para futuros profissionais que, no desempenho de suas funções, estarão à frente de trabalhos de grande responsabilidade, os quais poderão levar mudanças importantes aos locais em que atuarem. Saber elaborar projetos e prosseguir preparando, gradualmente e com compromisso, relatórios bem redigidos, em que se incluam os conhecimentos obtidos em seus estudos, é possibilidade de um futuro certo na profissão a que se destinam.

Capítulo 1

O ESTÁGIO CURRICULAR SUPERVISIONADO

1.1 As Profissões e a Função do Estágio Curricular Supervisionado

Na atualidade, o Estágio Curricular tem sido de fundamental importância. O rápido desenvolvimento das organizações tem exigido que a educação também se acelere, que as instituições escolares aumentem seu ritmo de trabalho para alcançar o que o mundo delas exige.

Há algum tempo, era comum, principalmente na educação superior, professores afirmarem que a teoria os alunos aprendem na escola, e a prática, no local em que forem trabalhar.

Hoje sabemos que não mais podemos contar com essa possibilidade. Em todas as organizações existem executivos e administradores que devem ter um conhecimento geral mais amplo, raciocínio mais acelerado e visão mais apurada, percebendo problemas e colocando seu intelecto em função do futuro.

Por esse motivo, na educação e no ensino, temos de chegar à transdisciplinaridade pela verificação do progresso das ciências no mundo. A escola, neste momento, depois de uma longa fase de especialização, procura utilizar a interdisciplinaridade, ou seja, a inter-relação das disciplinas de uma mesma área.

Da multidisciplinaridade não podemos prescindir e quando conseguirmos, pela atuação dos professores, essa interface entre as disciplinas das diversas áreas, teremos alcançado o ideal do ensino generalista.

Procuramos trabalhar de modo a atingir essa interface nos estágios curriculares, obrigatórios por lei, objetivando encaminhar o estudante para o mercado de trabalho com competência e dinamismo, antes que as organizações tenham de inverter os papéis e proporcionar treinamentos no seu contexto para suprir a prática em defasagem.

Torna-se necessário, pois, que as instituições e, em especial, as universidades acelerem o processo e reconheçam a disciplina Estágio Curricular Supervisionado, constante das grades dos cursos, como elemento integrador da escola com o mercado de trabalho.

A escola é formadora: complementa a educação recebida na família, por meio dos estudos desenvolve o raciocínio, a criatividade, a independência, as características essenciais a um cidadão competente em sua profissão e concorre para torná-lo integrado na sociedade em que vive.

É assim que o estágio supervisionado pode atuar de maneira expressiva, ao tempo em que, enviando o aluno ao mercado de trabalho, supervisiona sua atuação, tornando-se um elemento eficaz de integração escola e empresa e, ainda mais, levando à interface disciplinas, para que seus conteúdos, compreendidos e valorizados, resultem em bom aproveitamento nos estudos.

Se visto com essas características e levado ao aluno com habilidade, quando o professor que o orienta e a instituição que freqüenta compreendem a efetividade de sua aplicação, o estágio poderá ser uma atividade atuante no ensino, concorrendo, inclusive, para a segurança do estudante quando da realização de outros trabalhos escolares.

Em suma, a função do estágio na escola pode compreender dois aspectos:

- Uma atividade ou disciplina a mais para ser cumprida, sendo, pois, um estudo independente; o aluno poderá desempenhá-lo somente para obter um diploma, sem qualquer aproveitamento mais profundo.
- Definir-se como um trabalho que o faça compreender o quanto a teoria aprendida na escola pode ser primordial para suas atividades intelectuais e quanto a sua relação com a prática, ao ser aplicada no mercado, aprofunda, além de suas habilidades, sua competência.

A função do estágio, não só na Educação Superior, como no Ensino Médio, é, sem dúvida, importante para o que exige hoje de seus componentes, a comunidade, a sociedade e o mundo em que vivemos. Torna-se também um fator de segurança e tranqüilidade para os que nele se empenham com confiança e afinco.

Por esse motivo, o incentivo aos estudantes para que realizem um trabalho em profundidade deve ser constante, a fim de que possam colher os frutos resultantes de sua atuação. O apoio dos professores, em todos passos do estágio, é de vital importância.

Somente um diploma, nos dias de hoje, não significa capacidade. Empenho e aproveitamento aprofundado em todas as disciplinas aliando esses estudos à prática, com os ensinamentos advindos do estágio bem realizado, leva à segurança necessária o egresso de uma instituição de ensino, para atingir os níveis de competência esperada de todo profissional.

1.2 A Profissão: Secretariado Executivo

O secretariado executivo é uma profissão da qual muito se exige no mundo atual: conhecimentos gerais e gerenciamento de processos visando a solução de problemas de um mercado de trabalho, cuja influência na sociedade, cada vez mais complexa, não permite que esse profissional invista em ser apenas um escriturário solucionador de simples problemas do dia-a-dia.

Os Cursos de Secretariado Executivo chegaram à universidade para enfrentar exigências de uma profissão que se tornou indispensável nas organizações e cuja amplitude de ação vai muito além da esperada anteriormente. A participação desse profissional é, nos dias de hoje, muito mais intensificada pela grande responsabilidade que deles se exige.

As profissões são regulamentadas por leis, decretos e portarias e o secretariado rege-se pelas Leis n°s 7.377, de 30 de setembro de 1985, e 9.261, de 10 de janeiro de 1996.[1] A Lei nº 7.377 regulamentou a profissão de secretário e a Lei nº 9.261 a complementou. A Federação Nacional dos Profissionais de Secretariado (FENASSEC) apresentou em uma página de seu site essas leis integradas.

1.2.1 As origens

Todas as profissões têm suas raízes em um passado distante. Estudiosos da história do mundo procuram explicações e o porquê de certas características permanecerem no decorrer dos séculos, caracterizando-as de forma tão especial.

Na profissão de secretariado ou no exercício da função de secretário, na Antigüidade, vamos encontrar o escriba.

Pesquisadores informam que o surgimento dos escribas deu-se, talvez, há 3.300 a.C. Foi nessa ocasião, segundo eles, que apareceram os primeiros pictogramas em pequenas placas de argila, na Mesopotâmia. Nessa época, os escribas eram detentores de poder, pois seus registros eram merecedores de confiança, e, na antiga Grécia, eles se tornaram uma classe que gozava de muitos privilégios.

Com o passar do tempo, a escrita transformou-se em necessidade, quando o povo teve liberdade para aprender a ler e escrever, inicialmente por intermédio de mestres — nesse caso, poucos ti-

[1] Anexo 1.

nham condições para usufruir desse privilégio — e posteriormente em escolas que mais tarde se tornaram populares.

A história ainda nos conta que muitos escribas foram verdadeiros escravos de seus patrões e, por necessidade, para ganharem o seu sustento, serviam de meros registradores de suas idéias. Em outro período — no Baixo Império Romano — os escribas, que posteriormente foram designados secretários, exerciam importante papel na administração pública. Na Idade Média, eles eram monges que se transformaram em copistas; nessa ocasião, a função de secretário praticamente inexiste. Na Idade Moderna, porém, com a concretização do comércio, ressurge o secretário como integrante de empresas.

As duas Grandes Guerras Mundiais tornaram escassa a mão-de-obra masculina, e devido à importância e grande necessidade de funcionários para exercerem essa função, que desde alguns anos já contava com mulheres, concretizou-se, então, nesse setor a atuação feminina.

Ademais, as organizações, as escolas, a indústria e o comércio não puderam pôr de lado essa mão-de-obra, que ainda agora, em muitos setores, garante seu funcionamento, além de significar custo mais baixo.

No Brasil, a partir de 1950, ocasião em que chegaram as multinacionais, concretizou-se a atuação da mulher na profissão de secretária executiva e, diga-se de passagem, é muito marcante essa atuação.

No site da Federação Nacional dos Profissionais de Secretariado encontra-se uma página intitulada: "As melhores secretárias do mundo são as brasileiras".

> *As secretárias mais bem treinadas do mundo são as brasileiras diz um artigo do jornal inglês "The Guardian". (...) O jornal comenta que o júri do concurso "Secretary of the Year", que acaba de se realizar na Inglaterra, ainda adota o nome de "secretária/o", quando a América, Europa, Austrália, Nova Zelândia e alguns países do Extremo Oriente preferem "pro-*

fissionais administrativos" ou "assistentes de gerência", ou simplesmente "admins", no caso dos Estados Unidos. Porém, assim como o Brasil, o país mais avançado do mundo em termos de secretárias(os), o júri do prêmio optou pelo título tradicional. ("The Guardian", 30/04/01. In: Fenassec)

Ainda no mesmo site, na página Nomenclaturas Existentes, há uma listagem, na qual as nomenclaturas pelas quais uma secretária ou secretário pode estar registrado em sua carteira de trabalho ultrapassam 500. Dessa listagem, cerca de 15 são referências neutras, isto é, cargos que se referem a secretários ou secretárias como os de assistentes e auxiliares; 50 reportam-se literalmente a secretários e o restante, portanto a maior parte, a secretárias.

1.2.2 O cargo de secretário executivo na atualidade

Ao escrever um livro de orientação para o Curso de Secretariado Executivo, uma dificuldade que se apresenta é qual a melhor forma de se dirigir a esse estudante. A tendência que se nota ao se consultar bibliografias, sites e revistas é que essas publicações são direcionadas para as secretárias;[2] todavia, a proposta do Ministério da Educação (MEC) para o curso coloca, como é em nossa língua portuguesa, toda a referência no gênero masculino.

A diferença neste caso é tão marcante que no Código de Ética e em outras publicações aparecem os termos secretária e secretário sempre que são mencionados esses profissionais, o que não acontece nas demais profissões.

Como exemplo temos o cargo de professor, que é ocupado por número superior de professoras. A profissão, porém, e os cargos existentes são masculinos. Os cursos são destinados à formação de professores e não somente à de professoras, que excede a soma daqueles nos Ensinos Básico e Fundamental. A exemplo das licencia-

[2] Portaria nº 3.103, de 29.04.87 do Ministério do Trabalho. "Secretárias" — enquadramento sindical. D.O.U. de 30 de abril de 1987.

turas, muitos cursos são freqüentados por um número maior de jovens do sexo feminino e a mesma tendência aparece nos cargos oferecidos pelas instituições de educação superior.

É bem merecido o título mencionado anteriormente, recebido por nossas secretárias, neste momento mundial que muitos chamam de globalização, no qual as fronteiras se aproximam cada vez mais com o apoio das comunicações e que destacou a importância do trabalho feminino.

É preciso reconhecer, no entanto, que nossos secretários preenchem satisfatoriamente o papel que lhes cabe nas organizações. Por esse motivo — seguindo os passos do Ministério da Educação, com o intuito de facilitar a redação deste livro e como o curso é também destinado a futuros secretários —, preferimos ter como referência o Secretariado Executivo, incluindo estudantes de ambos os sexos.

O que pretendemos é que a proposta de trabalho para o estágio envolva professores e alunos, a fim de que estes, durante sua passagem pela universidade, realizem com aproveitamento essa atividade acadêmica que une a teoria à prática. Estudantes criativos e competentes, que compreendam a importância dessa interação, serão, certamente, profissionais com o perfil que deles se espera.

1.2.3 A função do secretário

Na atualidade, a tendência do mercado de trabalho é exigir do profissional conhecimentos generalizados e competências múltiplas que transcendam as fronteiras do país no qual vive; e esta exigência é ainda maior quando o enfoque é para profissões como o secretariado.

Busca de novas tecnologias e habilidades, aprendizagem contínua, além de parceria e conseqüente espírito de cooperação são características que não podem faltar a esse profissional.

A função do secretário exige que ele aprenda a analisar o mercado, definir sua missão, ter objetivos e reconhecê-los em seu trabalho, ter planos de ação e, certamente, agir com ética.

Entre os países que possuem um Código de Ética[3] para essa profissão — Estados Unidos, Espanha, Trinidad e Tobago — encontra-se o Brasil. Esse Código é um instrumento que todo profissional e estudante deve ter à mão. Ele é um direcionamento para uma atuação correta do profissional, um instrumento para reflexão e auto-avaliação que deve servir como norteador das atitudes inerentes à profissão.

Por ser uma das profissões que mais cresce no mercado, nas funções referentes ao cargo de secretário está implícito que ele permaneça sempre atento às exigências do mundo atual e em sintonia com os padrões internacionais referentes à sua área de atuação.

Há pouco tempo, um secretário que digitasse e anotasse recados era considerado eficiente. Hoje, funções como preparar reuniões, promover interação entre setores, tomar decisões, ser assessor são suas tarefas do cotidiano.

Encargos simples fazem parte de seu dia-a-dia e o completam: organizar agenda, redigir textos, providenciar correspondências, anotar recados, efetuar traduções, entre muitos outros.

O secretário, portanto, anota, escreve, depende da memória e, para não perder fatos importantes, registra, por meio da escrita, suas obrigações, seus contatos, sem perder de vista suas outras grandes responsabilidades.

1.3 O Curso de Secretariado Executivo

A Comissão de Especialistas de Ensino de Administração (CEEAD) do Ministério da Educação (MEC), na proposta de diretrizes curriculares, cuja síntese foi elaborada por Carvalho e Andrade (1999), propõe, para o perfil do aluno do Curso de Secretariado Executivo, o que segue:

[3] Anexo 2 — Código de Ética.

A formação do Bacharel deve contemplar as relações entre o conhecimento teórico e as exigências da prática cotidiana da profissão, preparar secretários executivos para exercer o seu novo papel dentro das organizações, assessorando staffs, gerenciando setores e pessoas, gerindo fluxo de informação, utilizando novas tecnologias, inovando, enfrentando mudanças culturais, econômicas, políticas, sociais e profissionais, com sensibilidade e lucidez para diagnosticar conflitos e resistência a mudanças, com visão empreendedora, capaz de promover novos conhecimentos e provocar mudanças, trabalhando com competência e discrição.

Em suma, o futuro profissional deverá ter uma formação que envolva saberes, nos quais se incluam: aspectos éticos, conhecimentos técnicos e científicos, sociais, políticos e administrativos.

As áreas de atuação do secretário, quanto ao seu papel nas organizações, envolve:

a) funções de atendimento como: recepção a clientes e informações gerais;
b) organização: agendar compromissos, classificar e arquivar documentos, controlar estoque de material;
c) redação: correspondências, relatórios, atas, anotações básicas de conferências e palestras;
d) outras do cotidiano como: elaboração de cartas, circulares, tabelas e gráficos.

Essas são áreas básicas que serão trabalhadas nos cursos; mas temas como: competência, visão, excelência no trabalho, capacidade de superar obstáculos que surjam quando da realização de tarefas mais difíceis devem estar incluídos no dia-a-dia de todas as disciplinas, possivelmente como temas transversais.

De acordo com as áreas de atuação, competências, habilidades e o perfil desejados para o egresso, as instituições devem proceder à escolha da grade curricular. As propostas elaboradas pelos especialistas do Ministério da Educação, nas quais se incluem as realidades regionais, são importantes nessa amostragem:

Tópicos de Estudo — Conteúdos Básicos

Ciências Sociais

Sociologia
Psicologia
Filosofia
Ciências Políticas
Transformações Sociopolíticas no Brasil e no Mundo
História das Idéias
Geografia Econômica

Ciências Jurídicas

Instituição de Direito Público e Privado
Legislação Social e Direito do Trabalho
Direito Administrativo
Direito Comercial

Ciências Exatas

Matemática Financeira
Estatística
Contabilidade
Finanças
Orçamento Público

Disciplinas Instrumentais

Informática
Análise e Elaboração de Projeto de Pesquisa
Metodologia da Pesquisa
Seminários Avançados

Disciplinas de Língua Estrangeira

Língua Inglesa I, II, III e IV
Língua Espanhola I, II, III e IV

Tópicos de Estudo – Conteúdos Específicos

Disciplinas de Formação Específica
Técnicas Secretariais I, II, III e IV
Gestão Secretarial I e II
Língua Portuguesa I, II, III e IV
Desenvolvimento Econômico
Relações Públicas
Marketing
Comunicação
Gestão Estratégica
Consultoria Organizacional
Relações Internacionais
Administração I, II, III e IV
Estágio Supervisionado

Uma das características das grades curriculares dos cursos e que o Ministério da Educação destaca é a flexibilidade, para que as grades curriculares não mais sejam herméticas como foram no passado. As propostas elaboradas são sugestões, mas ao mesmo tempo evitam que os cursos se diversifiquem de modo muito amplo. Assim sendo, estudantes que se deslocam de escolas ou mesmo de alguns estados para outros não encontram muita dificuldade ao confrontar os currículos para dar continuidade aos estudos.

O estágio é uma atividade multidisciplinar. Dependendo de orientação, poderá envolver disciplinas básicas como a Metodologia Científica e a Estatística. As línguas estrangeiras e a redação, e esta deve se destacar pela clareza e estilo, são complemento de suma importância nos trabalhos. Os conteúdos das disciplinas específicas devem ser escolhidos de acordo com o tema selecionado.

1.4 O Estágio Curricular: Necessidade e Obrigatoriedade

Em outubro de 1998 realizou-se em Paris a Conferência Mundial sobre Ensino Superior, promovida pela Organização das Nações Unidas para a Educação, Ciência e Cultura (UNESCO).

Fernando Rossetti, enviado especial da *Folha de S.Paulo*, no último parágrafo de sua reportagem do dia 7 de outubro, cita:

> *O presidente do Conselho Geral da Organização Internacional de Empregadores, Hédi Djilani, apontou a dificuldade de comunicação entre as empresas e as universidades como fator limitante para as transformações.*

Salientou que as universidades devem se aproximar do mercado e que: "... *não adianta ser só um bom estudante, ficar só no mundo acadêmico*".

A interação escola, empresa e comunidade é um sinal das mudanças que ocorrem muito rapidamente no mundo. Há algum tempo, a teoria era suficiente para os programas dos cursos. Hoje, os currículos têm como parte obrigatória a prática, da qual o principal detentor é o Estágio Supervisionado.

É preciso que o estudante seja informado sobre as necessidades do mercado de trabalho e tenha oportunidade de complementar seus estudos, pela aplicação do conhecimento teórico adquirido, e isso faz parte de sua aprendizagem.

O aluno do Secretariado Executivo deve ser especialista e, ao mesmo tempo, generalista. É importante que as habilidades sociais e de comunicação aprendidas se expandam para os locais nos quais deve permanecer, mesmo que somente por um período necessário para realizar seu estágio.

O Estágio Curricular Supervisionado é, reafirma-se, uma disciplina obrigatória para todos os cursos, estabelecida pela Lei 6.494 de 7 de dezembro de 1977 e regulamentada pelo Decreto 87.497 de 18 de agosto de 1982.

1.5 O Estágio no Mundo e no Brasil

As quatro aprendizagens fundamentais[4] — *aprender a conhecer, aprender a fazer, aprender a viver juntos e aprender a ser* — constam do livro *Educação: um tesouro a descobrir*, conhecido como o Relatório de Jacques Delors. Essas quatro ações, que devem ser aprendidas nas instituições, fazem parte de um conhecimento participativo e eficiente, efetivado com criatividade. Concretizadas na escola estas aprendizagens, em consonância com a prática no mercado de trabalho, teremos atingido esse ideal de interação, que se espera atualmente no mundo.

O trecho a seguir, do Relatório da UNESCO no livro de Delors (1998), ilustra o que acabamos de mencionar:

> *O mundo do trabalho constitui (...) um espaço privilegiado de educação. Trata-se, antes de mais nada, da aprendizagem de um conjunto de habilidades e, a este respeito, importa que seja mais reconhecido, na maior parte das sociedades, o valor formativo do trabalho, em particular quando inserido no sistema educativo. Este reconhecimento implica que se leve em conta, em especial por parte da universidade, a experiência adquirida no exercício de uma profissão.* **O estabelecimento sistemático de pontes entre a universidade e a vida profissional** *[grifo nosso] deveria, nesta perspectiva, ajudar os que assim o desejassem a completar a sua formação. Devem multiplicar-se as parcerias entre o sistema educativo e as empresas de modo a favorecer a aproximação necessária entre formação inicial e formação contínua.* **As formações em alternância** *[grifo nosso] para os jovens podem completar ou corrigir a formação inicial e, conciliando saber com saber fazer, facilitar a inserção na vida ativa. Podem, também, facilitar muito a tomada de consciência pelos adolescentes das dificuldades e oportunidades da vida profissional, ajudando-os a adquirir um conhecimento mais perfeito de si mesmos e a saber orientar-se. Favorecem, ainda, o acesso à maturidade e são, ao mesmo tempo, um importante fator de inserção social. (Delors, 1998:113)*

[4] Anexo 3 — Pistas e Recomendações.

Sobre a formação em alternância transcrevemos como exemplo o texto referente a essa prática nas escolas da Alemanha.[5]

No Brasil, o estágio vem sendo difundido nas escolas de Ensino Médio e Educação Superior como instrumento eficaz para atender às transformações mundiais que atingem hoje todas as nações.

Em 1979, o Ministério da Educação e do Desporto, que foi transformado pela Medida Provisória nº 1.799, de 21 de janeiro de 1999, em Ministério da Educação, publicou um documento-síntese sobre sugestões para estágios — *Escola/Empresa — a qualificação pelo estágio* —, de cuja introdução destacamos:

> ... *é uma publicação que se propõe a apresentar dados e abrir um vasto campo para discussão sobre a matéria. Pretende destacar a importância do ensino teórico e prático, consubstanciado na integração de esforços da escola, da empresa e do governo, abrangendo também a forma de programas já em execução. O trabalho reveste-se de especial significação para o aprimoramento da formação de profissionais que melhor se entrosem com o mercado de trabalho. (Vieira, 1979:4)*

O Estágio Curricular Supervisionado é, pois, uma disciplina que faz parte integrante das atividades práticas de ensino e tem a finalidade de enviar ao mercado de trabalho estudantes aptos a alcançar um bom aprendizado em sua permanência na empresa e egressos competentes em sua profissão.

1.6 Locais para Concretização do Estágio

Vimos no site da Federação Nacional dos Profissionais de Secretariado, que ultrapassam o número de 500 as nomenclaturas para registro de secretárias e secretários. Sabemos também que o secreta-

[5] Anexo 4 — Aprender na Empresa e na Escola: a Formação em Alternância na Alemanha.

riado é um cargo — que em organizações governamentais ou não-governamentais, macro e microempresas, escolas, escritórios, comércio, indústrias, consulados, secretarias de Estado, enfim em todo o tipo de organização é imprescindível.

As oportunidades existem, depende do interesse de estagiários em buscá-las por conta própria, ou por agentes de integração. O Decreto 87.497, de 18 de agosto de 1982, em seu artigo 7º prevê a colocação de estudantes no mercado de trabalho por intermédio desses agentes.

1.7 Procedimentos Inerentes ao Estágio Curricular

Para que se concretize o estágio, os procedimentos são os burocráticos, acadêmicos e administrativos.

As atividades acadêmicas ou pedagógicas referentes ao estágio iniciam-se logo que as providências burocráticas sejam finalizadas. A burocracia é inerente a toda atividade prevista em lei e é a fase inicial do Estágio Curricular Supervisionado.

Os procedimentos burocráticos consistem no encaminhamento do aluno para a procura de uma organização, por meio de agentes ou não, para ser contratado como estagiário; se for empregado, a orientação será para que entre em entendimento com a administração da empresa, após o que serão efetivados, Convênio e Termo de Compromisso, assinados pelo representante da instituição, pela organização concedente e pelo aluno.

Depois de concluídas essas atividades, a instituição providenciará a ação pedagógica, para que o aluno, em todos os momentos do estágio, possa contar com o acompanhamento e supervisão de professores-orientadores.

Neste livro, a tônica é a apresentação de trabalhos acadêmicos com base na metodologia científica. Torna-se imprescindível a elaboração de projeto, um estudo para que as atividades previstas posteriormente se concretizem e sejam colocadas em prática.

Esses primeiros passos se encontram nos Capítulos 2 e 3, nos quais se destaca a importância do primeiro mês do estágio, ocasião em que o estudante poderá confirmar sua vocação, além de conhecer e acompanhar as atividades da empresa. É nesse início que o tema, os problemas e objetivos podem ser delineados, ao serem estudadas as anotações do diário de campo e do *portfólio*[6]. As demais etapas do projeto concretizam-se depois desse momento.

Não deve ainda perder a oportunidade de mostrar o aprendido nas aulas de Estatística, aperfeiçoando os relatórios e, ao mesmo tempo, pondo em prática e solidificando seus conhecimentos. Recorrer ao Capítulo 4 é importante para comprovar esse aprendizado.

Após a aplicação do que foi planejado, apresentam-se os resultados mediante elaboração de relatórios ou monografias; e para essa parte, as orientações são encontradas no Capítulo 5.

A apresentação dos trabalhos acadêmicos difere da dos livros e outras publicações de editoras: numeração de páginas, parágrafos, tipos de ilustrações etc. dependem da escolha de cada uma delas. Os trabalhos escolares ou acadêmicos devem seguir as instruções das instituições que em geral observam as apresentadas pela Academia Brasileira de Normas Técnicas (ABNT).

Encerra-se a parte pedagógica com a entrega do relatório para ser avaliado pelos professores.

Os procedimentos administrativos dependerão da instituição e estes são, em geral, da competência do núcleo ou coordenadoria de estágios que envia os resultados para os arquivos da secretaria.

Nas instituições existe registro da finalização do estágio: cadastros de alunos ou documentos, nos quais são consignados o cumprimento da carga horária, local de estágios, nota ou conceito e outros dados.

[6] Pasta flexível para guardar ou transportar papéis, documentos, fotos etc.

Capítulo 2

PROJETO DE ESTÁGIO

2.1 A Necessidade do Planejamento

O projeto de estágio é constituído por duas etapas: o planejamento e a apresentação. O planejamento é, de início, o constructo mental, durante o qual o acadêmico pensa nas possibilidades que poderão ajudá-lo a direcionar o seu estágio. Na apresentação, o planejamento já elaborado é, então, redigido de maneira clara e organizada, demonstrando que o estagiário sabe o que quer fazer.

No entanto, como parte da cultura brasileira, quando se fala em planejamento ou em projeto, há um desconforto um desânimo e uma descrença em seus resultados. Em uma de suas obras, Handy (1998) defende que: "*A grande emoção do futuro é que podemos moldá-lo*". Para ele, tanto a vida particular quanto o trabalho têm de ser vistos como um portfólio, ou seja, uma coleção de atividades diferenciadas capazes de proporcionar o crescimento pessoal e profissional.

> *Em vez de uma carreira no sentido tradicional, durante parte da sua vida você terá um portfolio de carreiras, em que seu tempo será dividido entre ganhar dinheiro ou honorários e o trabalho comunitário, o estudo etc. (Handy, 1998:7)*

As colocações do autor remetem à reflexão acerca da necessidade de pensar sobre o que se quer fazer, a fim de que o tempo possa ser maximizado e as atividades possam sempre estar acrescentando algo à vida do acadêmico, de forma que ele possa encará-las como crescimento não como peso. O profissional de secretariado executivo tem de ter em vista que o seu futuro no trabalho pode ser determinado pelo desempenho; desta forma, saber transpor limites é uma exigência premente e, nesse contexto, o projeto é fundamental, pois se perde parte do tempo consertando erros, porque faltou um projeto de trabalho.

A vida como docente universitário tem confirmado o preconceito sobre projetar. Há falta de planejamento, tudo é feito na base do improviso. Muitas vezes, o aluno acredita que pode ir direto ao assunto, já relatando porque "já sabe" o que vai fazer. Tal fato ocorre em todos os cursos, de todas as áreas, mas no curso de Secretariado Executivo encontra-se outra dificuldade: o preconceito acerca dos acadêmicos que o freqüentam. Em geral, as salas são compostas exclusivamente por mulheres e a visão de "serviçal" permanece, embora se possam citar inúmeros secretários que ocupam posições fundamentais nas organizações e que, em geral, não têm formação.

Diante do exposto, constata-se que o estágio exigido por lei é necessário para que o aluno não só complemente a sua formação e aplique os conhecimentos adquiridos teoricamente, mas também para que abra portas para a sua ascensão profissional de forma madura e segura. O estágio não é algo secundário, ou seja, não é apenas mais uma disciplina a ser cumprida para terminar o curso, mas é a oportunidade de ao final do curso o acadêmico atuar, abstrair e expor o resultado do que aprendeu.

Segundo Menegolla e Sant'Anna (2001), a escola tem se especializado no discurso teórico, baseado em teorias modernas, que na prática tem deixado lacunas na formação do aluno. O planejamento, muitas vezes, é feito sem levar em consideração suas reais necessidades e, acrescenta-se, a necessidade de projetar não é devidamente valorizada.

Reforça-se: quando os alunos chegam ao estágio já se consideram formados e resistem a orientações, alegando que já estão cansados de saber o que fazem, quando já trabalham, esquecendo-se de que são alunos e que há muito a aprender. Ao mesmo tempo, quando iniciam o projeto ficam confusos, têm dificuldades para definir os caminhos a seguir, o que observarão, não conseguem estabelecer a relação teoria e prática, e assim por diante.

Pelas razões expostas, nesta obra pretende-se enfatizar — não só para o profissional de Secretariado Executivo, mas também para todos aqueles que decidem traçar caminhos racionais — a necessidade de um projeto que, conseqüentemente, conduza a um relatório bem-feito, que demonstre o seu interesse, dedicação e vontade de crescer profissionalmente.

Da prática, alguns exemplos podem ser citados, como o da aluna Simone Margenet[1] (da Universidade Braz Cubas, formada no primeiro semestre de 2001), que se dedicou ao estágio superando as expectativas, entusiasmando-se pela profissão e defendendo a formação continuada, o que pode ser comprovado por seus depoimentos às revistas *Claudia* e *Secretária Executiva*, publicadas no mesmo período.

Outra aluna, também da Universidade Braz Cubas, depôs sobre o seu desânimo ao ter de cumprir a disciplina; mas ao refletir o que teria de abordar, escolhendo o tema, o problema, definindo os objetivos e buscando a fundamentação teórica, percebeu o quanto poderia aprender e foi, gradativamente, se empolgando com o resultado, pois se viu capaz de ligar a teoria à prática.

Uma terceira estudante relata com entusiasmo os resultados proporcionados pelo estágio quanto ao seu crescimento, tornando-se grande incentivadora da turma para que se empenhasse no desenvolvimento do estágio.

São essas experiências que incentivam o educador a buscar caminhos e indicá-los, pois é participante na formação de seres humanos que estarão atuando em várias áreas.

---

[1] Artigo publicado na revista *Claudia*.

Desta forma, retoma-se aqui um questionamento: por que fazer o projeto de estágio se o trabalho final é o relatório? Responderia ao acadêmico que um caminho bem traçado antecipa e facilita a superação das dificuldades e uma percepção maior do ambiente e das oportunidades, por isso a necessidade de elaborar um projeto de estágio.

Hoje, dada a diversidade de funções nas empresas, o profissional de secretariado deverá rever seu papel, como gestor e assessor, para que possa exercer suas funções em grandes instituições. Por isso, cabe a esse profissional fazer um projeto pensando no seu futuro profissional.

2.2 O Projeto de Pesquisa

Projetar é planejar. Esse conceito é simples de ser percebido e compreendido. Por exemplo: ninguém, de bom senso, faz uma viagem sem planejamento, sem antes considerar as possibilidades e limitações que permitam um melhor aproveitamento do passeio.

A maioria dos avanços feitos pelo homem foi resultado de planejamento, que envolve, entre outras, questões como: O que eu quero? Como devo agir? Quais os meios que utilizarei para atingir os meus objetivos? As chances de um bom resultado de qualquer ação aumentam com um bom planejamento.

No estágio, ao planejar, o aluno estará utilizando os conhecimentos aprendidos durante o seu curso, em todas as disciplinas, o que permite a aplicação da interdisciplinaridade, acrescentando-se ao conhecimento teórico os resultados da observação. Quem quiser desenvolver um bom estágio tem de ter em mente que:

> *Planejar é um ato de pensar sobre um possível e viável fazer. E como o homem pensa seu "o quê", o planejamento se justifica por si mesmo. A sua necessidade é a sua própria evidência e justificativa.* (Menegolla e Sant'Anna, 2001:17)

O projeto de estágio é um planejar consciente e sua necessidade se justifica para que se possa fazer um trabalho racional, que permita o crescimento do indivíduo.

De acordo com Linkemer (1999), um dos elementos essenciais na vida do profissional de secretariado é a comunicação, e o projeto é um começo para mostrar essa habilidade e competência ao transpor para o papel as suas idéias.

2.3 Etapas do Projeto

A partir desse momento, este capítulo torna-se técnico, a fim de mostrar ao acadêmico como ele deverá fazer um projeto.

Observa-se que as instituições educacionais têm atitudes diversificadas que devem ser seguidas, mas o que aqui se apresenta tem como base dois pontos primordiais: a experiência com os acadêmicos durante vários anos e a preocupação com a metodologia científica, que deve sustentar os trabalhos no Ensino Superior.

2.3.1 Histórico da empresa

São muitas as formas para se conseguir estagiar em uma determinada empresa: enviando currículo, por meio de agências que selecionam profissionais, por indicação de alguém, ou outras.

Para iniciar seu projeto é necessário que o acadêmico já tenha adentrado a empresa por um desses meios; aquele que pretende ser um bom profissional tem como uma das primeiras tarefas identificar a história da empresa: quando e como se formou, porte, finalidade, desenvolvimento e outros dados que julgar relevantes. Muitas vezes, a própria empresa já tem isso pronto, mas o aluno não deve simplesmente copiar, pode sintetizá-lo, mudar a redação, acrescentar dados que conhece e mesmo colocar dados publicados pela imprensa.

Outra possibilidade que enriquece o seu trabalho é conversar com os profissionais mais antigos na empresa para conhecer dados que não estão publicados; esse recurso chama-se história oral. Não raramente, principalmente em empresas de administração tradicional, as fontes da história da empresa são as próprias pessoas.

2.3.2 A escolha e a delimitação do tema

Em outros tempos, a função da secretária era atender ao telefone, servir café, agradar chefes e clientes e outras tarefas corriqueiras, que a colocavam como serviçal. Mas os tempos mudaram, limites geográficos foram rompidos, o conhecimento avança a cada dia, a tecnologia é constantemente superada, e no século XXI o profissional de secretariado executivo tem de acompanhar essas mudanças se não quiser se tornar obsoleto.

Dada a diversidade de funções, os temas podem ser os mais variados possíveis. O acadêmico deve ter em mente sua função, considerando que a dedicação e a experiência são para o profissional de secretariado executivo um passo a mais na sua formação e currículo.

O estágio tem de ser visto como uma experiência única; por isso, o tema deve ser instigante, provocativo, cativante e criativo. Não deve ser reduzido à possibilidade de cópia, formando uma colcha de retalhos, mas sim servir para que o acadêmico aprenda o jogo do criar.

Nesses anos de experiência com estágio, comprovou-se que muitos temas interessantes podem ser levantados e a barreira contra o estágio tem sido, aos poucos, rompida.

O tema é o assunto a ser desenvolvido. Considerando que o profissional de secretariado executivo está em várias áreas, ao escolher seu tema tem de considerar as possibilidades que terá para fazer a observação, razão pela qual terá de delimitá-lo, levando em conta o acesso à informação e a cooperação das pessoas que acompanharão o estágio. Poderá estar relacionado à administração, à comunicação, ao papel do profissional de secretariado executivo nas inter-relações pessoais, ao avanço da tecnologia, à mudança do perfil do profissional, à possibilidade de ascensão do secretário executivo e outros.

A atualidade abre um grande leque para essa escolha, sobretudo ao considerar-se que o profissional de Secretariado Executivo hoje é um assessor, gestor, não um simples atendente, cujas tarefas se multiplicam.

2.3.3 O problema

A idéia de problema no projeto, ou em qualquer investigação científica, difere do senso comum da palavra, embora, realmente, possa ser algo que não esteja bem na empresa; mas em geral, a tarefa de resolver os problemas não é atribuída ao estagiário.

Ao formular o problema, o acadêmico tem de pensar que em pesquisa trata-se de uma indagação que o levará a observar um fenômeno de forma a compreendê-lo e, se necessário e possível, a propor mudanças.

O problema no projeto de estágio, ou de qualquer pesquisa, nasce de algumas atitudes fundamentais, como: o interesse pelo assunto, a pesquisa bibliográfica e a troca de idéias de pessoas que já acumularam conhecimento no campo a ser pesquisado.

Ao escolher o problema, o estagiário deve considerar: se a resposta é possível, se o questionamento é relevante e a viabilidade de realizar a pesquisa — lembrando-se de que no estágio a pesquisa será basicamente de observação sistemática — bibliográfica necessitará de acompanhamento tanto de um supervisor na empresa, quanto de um professor-orientador que deverá observá-lo em suas atividades, além da ajuda de outras pessoas que já estão trabalhando.

2.3.4 Hipótese

É a resposta provável e temporária ao problema. Não nasce ao acaso, mas da observação e de muita leitura. Há várias maneiras de se elaborar uma hipótese, mas a forma mais comum é relacionar uma variável independente a outra dependente em uma fórmula que se denomina "se..., então", ou seja, para cada causa (variável independente) há uma conseqüência (variável dependente).
Exemplo:

Problema — Qual a importância do profissional de Secretariado Executivo na comunicação interpessoal?
Hipótese — Uma vez que este profissional tem acesso a um grande número de informações e de pessoas, ele poderá atuar como agente integrador nas relações e propor estratégias para dirimir conflitos com os clientes internos ou externos.

2.3.5 Justificativa

É comum os acadêmicos comentarem, após entrevistas para o ingresso no estágio, sobre as perguntas de cunho pessoal que são feitas, assim como as que se referem ao conhecimento que têm da empresa e a razão de quererem estagiar ali. Na realidade, trata-se de uma etapa na qual se verifica se o acadêmico é capaz de justificar, com argumentos convincentes, o que pretende ao estagiar.

No projeto de estágio, a justificativa tem a mesma finalidade, só que ela ocorre por escrito, ou seja, há mais um ponto sendo avaliado: a sua capacidade de escrever corretamente, com coerência, correção e convicção. O aluno deverá justificar a escolha do tema e a importância do estágio na sua formação, usando redação própria, demonstrando sua capacidade de convencer o outro.

2.3.6 Determinação dos objetivos

Nada pode ser feito sem objetivos claros. O acadêmico tem de saber o que pretende, onde quer chegar. Os objetivos têm de ser definidos considerando-se que o estagiário é um aprendiz e que ele será acompanhado por alguém, para que possa ter uma visão detalhada do que está fazendo. Estabelecer objetivos é determinar metas que sejam passíveis de serem cumpridas. Devem ser estabelecidos dois tipos de objetivos:

- **Gerais**
  Só serão atingidos ao final do estágio, por isso são amplos. Para defini-los, utilizam-se verbos que dêem uma visão ampla, tais como: analisar, propor e comparar.
- **Específicos**
  Referem-se às etapas de aprendizagem do estagiário, a partir do momento em que ele entra na empresa. Cada organização tem um modo de orientar os estagiários, algumas têm até mesmo um departamento específico para esse fim. Os objetivos específicos podem ser, por exemplo: conhecer a empresa, verificar as funções da secretária na empresa, ou do setor para o qual foi designado, e listar dificuldades e pontos positivos observados.

Ao estabelecer os objetivos, o estudante deve lembrar-se do seu tema, do problema e da hipótese que estabeleceu, visto que no projeto tudo está articulado e que os objetivos que estabelece são os seus, como aprendiz, e não os da empresa.

2.3.7 Revisão teórica

Durante o curso universitário, o aluno tem inúmeras disciplinas, com objetivos diferentes e preparadas de acordo com a formação necessária e exigida no mercado, que se mostra cada vez mais dinâmico.

Para fazer o estágio, o aluno deve ter em mente que as disciplinas não podem ser vistas isoladamente, nem relegadas a um segundo plano, mas sim estabelecer contexto multidisciplinar. O estágio é um caminho que o acadêmico tem para rever as várias disciplinas e compreender o seu significado na formação profissional.

Dependendo do tema delimitado, o aluno terá de consultar livros de: administração, recursos humanos, psicologia, sociologia, estatística, contabilidade, metodologia, língua portuguesa e outras mais às quais nem sempre deu a devida importância a seu tempo, talvez até por imaturidade. Isso só enriquecerá o seu aprendizado e a formação continuada, tão necessária no contexto atual.

Ao selecionar a bibliografia (livros, revistas, sites), o futuro profissional de secretariado tem de ter em mente que é a sua formação que está em jogo. Assim, deverá escolher sempre as obras mais atualizadas; e, quanto aos sites, verificar a fonte, quem escreve, a formação do autor e a finalidade do texto, pois há muitas coisas boas, inéditas, mas também há páginas que são plágios ou que contêm informações irrelevantes ou mesmo baseadas em emoções ou idéias preconcebidas.

Ao fazer a revisão teórica, o acadêmico novamente tem de se reportar ao tema, ao problema, à hipótese e aos objetivos que definiu.

O texto da revisão teórica é composto por: redação própria, citações e paráfrases. Na citação, o aluno copia, literalmente, um trecho, indicando o autor, o ano e a página.

Exemplo:

> *Entende-se por planejamento um processo de previsão de necessidades e racionalização de emprego dos meios materiais e dos recursos humanos disponíveis, a fim de alcançar objetivos concretos, em prazos determinados e em etapas definidas, a partir do conhecimento e avaliação científica da situação original.* (Martinez e Lahone, 1977:11)

As citações com menos de cinco linhas devem vir no próprio texto, entre aspas e seguidas do sobrenome do autor, ano e página, como aparece em diversos momentos deste livro. As maiores devem vir em destaque, como o modelo acima.

Na paráfrase, o acadêmico escreve aquilo que o autor disse, mas sem copiar, ou seja, ele escreve com suas palavras, no entanto não pode esquecer de citar a fonte; caso contrário, estaria incorrendo em plágio, o que é crime e falta de ética.

Exemplo:

Linkemer (1999) chama a atenção de que as reuniões são um caso de amor e ódio. Embora necessárias no processo de comunicação, há uma resistência muito grande em participar delas e os resultados nem sempre são os esperados. Ao contrário, são, muitas vezes, alvo de queixa de perda de tempo. Dessa forma, cabe ao profissional de Secretariado Executivo organizá-las, racionalmente, de modo que tenham começo e meio bem planejados para atingir o fim a que se destina.

A fundamentação teórica deve sempre terminar com redação do aluno, o que demonstra seu interesse pelo conhecimento apreendido, pelo aprendizado continuado, pela pesquisa, pela formação incessante e pelos assuntos relativos à visão empresarial.

2.3.8 Procedimentos metodológicos

A escola é o local institucionalizado para transmitir o conhecimento sistematizado pela sociedade ao longo do tempo, mediante o desenvolvimento de pesquisas comprovadas, que dão credibilidade ao seu resultado.

Também o projeto de estágio pressupõe o uso desses mesmos procedimentos estudados na disciplina Metodologia Científica, visto que se trata de um trabalho acadêmico, no qual o aluno deverá aplicar o máximo daquilo que aprendeu.

Os procedimentos se dividem em:

- **Método:**
  É o caminho que se escolhe para abordar um fenômeno; pode ser, entre outros: dedutivo, indutivo, dialético, estatístico, comparativo e histórico. Para cada pesquisa há um que melhor se adapta. Por isso, o aluno deve buscar ajuda nos livros de Metodologia Científica para lembrar o que é cada um e recorrer à ajuda de um professor-orientador.

- **Técnicas**

  São os procedimentos utilizados para coletar os dados. No estágio, a observação sistemática participante é uma técnica obrigatória porque o aluno é justamente um aprendiz. Dependendo do caso, podem-se utilizar as análises bibliográfica e documental, a estatística e a história oral, entre outras — sempre dependendo do tema, problema e objetivos a que se propôs.

Nesta obra, enfatiza-se, assim como em outras já lançadas (para a Administração e o Turismo), que o uso da estatística é imprescindível para os trabalhos, daí a existência de um capítulo específico para explicar a sua aplicação. Sua importância confirma-se nos relatórios nos quais os acadêmicos citam que uma de suas tarefas é coletar dados, organizá-los e fazer a análise estatística. Isto reafirma a necessidade da formação pluridimensional.

- **Recurso:**

  É todo o material utilizado durante a realização do estágio; são indispensáveis o diário de campo, no qual o aluno deve registrar tudo o que viu e viveu, e o portfólio, porque assim poderá fazer um relatório consistente. Podem ser usados recursos como: fitas, vídeos, entrevistas, depoimentos, documentos e tabelas estatísticas.

2.3.9 Cronograma

É um quadro representado pelo Gráfico de Gantt, no qual se faz uma previsão das atividades a serem desenvolvidas até a entrega do relatório. É uma forma de o acadêmico controlar suas atividades, evitando atropelos de última hora.

Ano: 2003 Atividade	fev. xxxx (semana)	mar. xxxx	abr. xxxx	maio xxxx	jun. xxxx	jul. xxxx	ago. x
Orientação (Professores)	xxxx	xxxx	xxxx	xxxx	xxxx	xxxx	
Integração na Empresa	xxxx	xxxx					
Reconhecimento das Atividades do Secretário		xxxx					
Análise do Diário de Campo e do Portfólio			xxxx	xxxx x			
Interpretação do Material Colhido				xx	xxxx x		
Análise, Interpretação dos Dados				xxxx	xxxx	xx	
Elaboração do Relatório Final			xxxx	xxxx	xxxx	xxxx	
Apresentação do Relatório							x

2.3.10 Referências ou bibliografia

- **Referências**
  São todos os livros citados no trabalho, colocados de acordo com a Norma NBR 6023/ago. 2000.
- **Bibliografia**
  É a lista de todos os livros consultados. Atualmente, utilizam-se mais as referências porque são mais reais, mais palpáveis, permitindo que outros leitores consultem o original, quando acharem necessário. Uma bibliografia imensa não significa, obrigatoriamente, uma boa consulta, o que não quer dizer que a pesquisa não seja necessária.

Chama-se a atenção para o fato de que a padronização dos termos ainda não é muito clara nas instituições, por isso muitas vezes eles são usados indiscriminadamente, mas hoje a nomenclatura mais correta é "referências".

Capítulo 3

APRESENTAÇÃO DO PROJETO

Como foi abordado no início do capítulo anterior, o projeto de estágio tem duas etapas: o planejamento, descrito no Capítulo 2, e a apresentação, a qual será exposta aqui.

Uma boa apresentação demonstra a personalidade do estagiário, sua organização, interesse, conhecimento e meticulosidade.

3.1 Configuração Gráfica

Hoje já não se admite que alguém não conheça a linguagem básica do computador, especialmente quando se trata do secretário executivo, daí porque as orientações sobre a apresentação do projeto começam pela configuração gráfica, que deve ter os seguintes parâmetros, determinados pela Associação Brasileira de Normas Técnicas (ABNT):[1]

[1] Deve-se aqui ressaltar que as configurações das editoras não são as mesmas dos trabalhos acadêmicos. Cada uma delas tem seus parâmetros; portanto, o acadêmico deve seguir as orientações aqui encontradas.

- Margens: Esquerda e Superior = 3 cm
  Direita e inferior = 2 cm[2]
- Folha A4 — branca
- Entrelinhas — espaço duplo
- Espaçamento — depois: 6 pt
- Fonte — Times New Roman 12
- Parágrafo — 1ª linha
- Títulos — São centralizados, em negrito e todas as letras maiúsculas. Cada novo título deverá vir em uma página nova.
- Subtítulos — São no parágrafo, em negrito e só a primeira letra é maiúscula, ou quando a gramática o exigir.
- Numeração — Canto superior direito a partir da Introdução.
- Citações — Até cinco linhas no próprio corpo do texto, em itálico, acompanhadas pelo sobrenome do autor, ano e página e com uso de aspas.

Exemplo:

> *"A palavra-chave é aquela que o autor procura evidenciar no texto, quer dando explicações adicionais quer destacando-as, mediante a utilização de aspas, negrito, itálico, entre outros."* (Parra Filho e Santos, 1998:135)

Acima de cinco linhas, deixar um espaço entre o texto e a citação, deslocando-a a partir do parágrafo para a direita, não usar aspas.
Exemplo: O tema é o assunto a ser trabalhado pelo pesquisador. De acordo com Parra Filho e Santos (1998: 208-9):

> *Dependendo da disponibilidade de tempo e de outros recursos necessários ao desenvolvimento de determinada pesquisa e da abrangência do tema, às vezes torna-se necessária uma delimitação daquilo que será pesquisado, pois quanto mais abrangente, menor tende a ser a profundidade.*

---

[2] Muitos programas não aceitam a configuração de 2 cm na margem inferior, então o computador pergunta se é para corrigir. É só apertar OK e deixar a margem por ele definida.

3.2 Apresentação do Projeto-Seqüência

- Capa
- Capa de rosto
- SUMÁRIO
- INTRODUÇÃO
- I OBJETIVOS
  1.1 Gerais
  1.2 Específicos
- II REVISÃO TEÓRICA
  (caso haja subtítulos, eles seguirão a mesma numeração. Ex.: 2.1; 2.2 etc.)
- III PROCEDIMENTOS METODOLÓGICOS
  3.1 Métodos
  3.2 Técnicas
  3.3 Recursos
- IV CRONOGRAMA
- REFERÊNCIAS

Um projeto bem-feito e bem apresentado antecipa um bom resultado no estágio e no relatório. A seqüência da apresentação é a mesma da elaboração do projeto, mas se deve ter em conta que o texto agora será apresentado ao orientador ou à organização na qual o estágio será realizado. Portanto, é uma primeira mostra das potencialidades e interesse do acadêmico.

3.2.1 Capa

Nesta obra, o aluno encontrará modelo de capa, na qual devem constar os dados principais que o identifiquem, tais como: nome da instituição, do centro de estudos, do curso, o tema, o nome e o RGM, ou número de matrícula do aluno, o local no qual se localiza a instituição e a data em que o projeto está sendo entregue.

3.2.2 Capa de rosto

A capa de rosto, ou página de rosto, segue o mesmo padrão da capa e tem por finalidade especificar a que se destina o trabalho e quem o orientará.

3.2.3 Sumário

É a listagem por ordem de apresentação de todos os itens constantes do trabalho, com suas respectivas páginas. É comum o aluno colocar o zero na frente dos numerais de 1 a 9 (Ex.: 01, 02, 03...), mas isso não é correto, pois ele não existe.

É freqüente a confusão entre sumário e índice, mas é a própria Associação Brasileira de Normas Técnicas que define esse item como sumário; o índice é uma listagem detalhada na qual constam palavras-chave e a página em que se localizam, e ele é colocado no final do trabalho para ajudar ao leitor; mas no estágio ou no relatório ele não é utilizado, é muito comum em livros, principalmente os técnicos.

3.2.4 Introdução

É a apresentação do trabalho na qual o aluno fornece ao leitor as informações iniciais sobre o seu estágio. É a última parte a ser redigida, lembrando-se de que já está planejada e o material elaborado. Deve ser apresentada em uma redação só e conter as seguintes informações:

- **Histórico da empresa**
  No projeto ela não precisa ser muito detalhada, mas tem de deixar claro que o aluno conhece a empresa na qual estagiará.
- **Tema**
  O tema escolhido está sempre em uma área e é amplo, por isso tem de ser delimitado, para que a observação seja possível.
- **Delimitação do tema**
  Para que a observação seja sistemática, é necessário deixar claro os limites com os quais se trabalhará, razão pela qual o tema tem de

ser delimitado. A preocupação com a delimitação do tema deve considerar sua relevância e o tempo em que o estágio será realizado.

- **Problema**

  É a indagação feita pelo estagiário na área em que desenvolverá seu trabalho. Ele não precisa identificar um problema que existe na organização, mas tem de elaborar uma pergunta que será respondida ao longo do tempo exigido pelo estágio.
- **Hipótese**

  É a resposta provável e temporária ao problema. Ao redigi-la, o acadêmico deve ter o cuidado de não colocá-la como definitiva, pois isso ocorrerá apenas depois de sua comprovação.
- **Justificativa**

  É uma redação pessoal, escrita corretamente, com argumentos convincentes sobre a importância do tema e do problema escolhidos: e do estágio na sua formação. Redações pobres demonstram falta de convicção e entusiasmo, características extremamente importantes no mundo organizacional contemporâneo. A introdução deve ser escrita e reescrita quantas vezes for necessário para que se tenha uma redação clara e objetiva, com idéias encadeadas. A ordem dos itens poderá ser alterada para dar uma formatação melhor à introdução, mas deve-se considerar a importância de constar todos eles.

3.2.5 Objetivos

Servirão de guia para a elaboração do desenvolvimento do relatório e para as considerações, pois, desta forma, o aluno poderá avaliar se o que planejou ocorre de fato e comparar teoria e prática. Ao colocá-los no projeto, o acadêmico tem de refletir sobre a viabilidade de alcançá-los, visto que no relatório deverá descrever o que foi atingido ou não e quais as dificuldades e pontos positivos encontrados para isso.

- **Gerais**

  Embora sejam expostos em primeiro lugar, os objetivos gerais só serão atingidos ao final do processo de estágio porque são amplos. No projeto, são apresentados em forma de listagem, começando sempre com o verbo no infinitivo.

- **Específicos**

  Os objetivos específicos devem ser coerentes com os objetivos gerais. Também aparecem em forma de listagem, gradativa, que permita atingir o objetivo maior; correspondem às etapas de aprendizagem do estagiário.

3.2.6 Revisão teórica

Deve seguir os procedimentos apresentados na elaboração do projeto e conter, no mínimo, seis páginas, dependendo do tema abordado. Quanto mais o aluno pesquisar, melhor será o seu conhecimento. Nunca utilizar apenas uma fonte e as informações devem ser as mais atualizadas possível.

O desenvolvimento da fundamentação teórica mostra o empenho e interesse do aluno em aprimorar-se. O acadêmico interessado buscará não só em fontes específicas relativas ao secretariado, mas também no conjunto de conhecimentos elaborados relativos à administração, psicologia, relações públicas, comunicação, tecnologia e outras que possam colaborar com sua formação.

Hoje, a Internet transformou-se em um importante meio para a pesquisa, mas até para utilizá-la é preciso que o aluno abra seus horizontes, a fim de que possa explorar todos os seus recursos.

3.2.7 Procedimentos metodológicos

Para escolher os procedimentos metodológicos adequados e explicar por que estão sendo utilizados, os alunos deverão sempre procurar livros de metodologia científica e a ajuda de professores-orientadores.

Nesse momento, ele deverá ter em mente como desenvolverá sua observação e aprendizagem para que o estágio não se torne uma tortura, mas que seja algo prazeroso, usando, para tanto, todos os recursos disponíveis.

3.2.8 Cronograma[3]

Deve ser apresentado no Gráfico de Gantt e seguir o tempo estabelecido por lei, determinado para a realização do estágio e de acordo com os objetivos traçados pelo aluno.

O cronograma é um esboço da organização do tempo para que o aluno não se veja atropelado em suas atividades deixando passar importantes oportunidades.

3.2.9 Referências

Como já se observou, devem constar das referências apenas a bibliografia utilizada, a fim de que se possa fazer uma avaliação real da pesquisa do acadêmico. Para a sua apresentação, seguir as Normas da NBR 6023 da ABNT ago. 2000.

Para finalizar a apresentação do relatório, colocar uma folha em branco ao final e encaderná-lo com capa preta ao fundo e transparente na frente.

Este é apenas o começo do estágio, porque o relatório vai retomar esses pontos para demonstrar como foram desenvolvidos na organização.

[3] O modelo encontra-se no Capítulo 2.

Capítulo 4

ESTATÍSTICA

4.1 Introdução

O propósito deste capítulo é oferecer ao estagiário os instrumentos básicos para o início de uma pesquisa e os passos necessários para o seu desenvolvimento, tratamento e conclusões.

Este estudo visa orientar o estagiário para utilizar a estatística não para um curso, como é apresentado na graduação do secretariado.

Os temas abordados relacionam-se com a coleta de dados, interpretação de índices econômicos, leitura de gráficos, elaboração de tabelas, organização de questionários para a coleta de dados e entrevistas. Em síntese, conhecimentos básicos de estatística descritiva, abordados ao longo da formação acadêmica do estagiário.

A utilização da tecnologia de informação (planilha eletrônica, banco de dados, correio eletrônico, Internet) é um recurso indispensável para o gerenciamento de dados. A estatística — associada às disciplinas instrumentais, como: informática, análise e elaboração de projetos de pesquisa e metodologia — fornece os elementos necessários para o trabalho de estágio supervisionado.

4.2 Estatística Descritiva

O mercado de trabalho tem preferência pelos profissionais das diferentes áreas com conhecimentos básicos de Estatística, Matemática Financeira e Informática, sendo um estímulo para que os estudantes encontrem mais facilidades para estagiar. O domínio no uso de calculadoras e computadores facilita os cálculos e a interpretação dos resultados. É importante que os estagiários percebam o valor e a aplicabilidade da estatística no seu campo de atuação.

Um dos objetivos da estatística é o planejamento de experimentos que permitem tirar conclusões baseadas na análise e interpretação dos dados.

Para fazer o planejamento de experimentos, é necessário definir o universo de trabalho (ou população) que se pretende estudar. As populações, de um modo geral, são grandes (finitas ou infinitas), razão pela qual se trabalha com amostras.

Os dados obtidos podem ser classificados em quantitativos, quando representados por valores numéricos (número de funcionários, salário), e qualitativos (ou categóricos), quando representados por intervalos (tempo gasto para a realização de uma tarefa).

Para facilitar o entendimento de fundamentos importantes de estatística foram utilizados dados com o objetivo de conhecer o perfil dos funcionários de uma empresa.

4.2.1 Gráfico de ramo-e-folhas

Na elaboração do questionário procurou-se levantar dados relativos à função, idade, salário, estado civil, número de filhos e tipo de transporte utilizado.

Selecionando uma das características levantadas — **idade** — obteve-se a seguinte tabela de 25 **dados brutos** (dados ainda não organizados de modo crescente ou decrescente):

18, 35, 21, 18, 20, 23, 45, 21, 27, 30, 26, 33, 20,
36, 25, 35, 21, 39, 32, 28, 43, 29, 22, 52, 48

Para facilitar a organização dos dados, de um modo mais interessante, pode-se utilizar o gráfico ramo-e-folhas.

Observar que os números dados têm dois algarismos (dezenas e unidades); separando-se o primeiro do segundo por um traço vertical, obtém-se a seguinte representação:

Dezenas	Unidades
1	8 8
2	1 0 3 5 1 7 6 0 1 8 9 2
3	5 0 3 6 5 9 2
4	3 8 5
5	2

O gráfico ramo-e-folhas caracteriza-se pela seguinte convenção: cada número à esquerda do traço vertical corresponde a um **ramo** e cada número à direita a uma **folha**.

Pode-se optar também pela ordenação dos valores

Dezenas	Unidades
1	8 8
2	0 0 1 1 1 2 3 5 6 7 8 9
3	0 2 3 5 5 6 9
4	3 5 8
5	2

É uma representação simples que permite uma visualização de como os dados se distribuem.

Convém observar que outras apresentações mais complexas podem ocorrer com tabelas de números de vários algarismos, porém o princípio é o mesmo.

Exercícios

Construir um gráfico de ramo-e-folhas para os seguintes dados:

1 Pedidos de cloro para piscinas, em embalagens de 2 kg, de uma determinada marca:

15, 22, 18, 17, 13, 18, 40, 12, 28, 37, 16, 38, 12, 32, 26

Solução:

Dezenas	Unidades
1	5 8 7 3 8 2 6 2
2	2 8 6
3	7 8 2
4	0

2 Consumo semanal de papel sulfite A4, em pacotes de 500 folhas, em diferentes departamentos de uma empresa:

3, 10, 6, 12, 9, 8, 4, 21, 7, 15, 20

Solução:

Dezenas	Unidades
0	3 6 9 8 4 7
1	0 2 5
2	1 0

4.2.2 Distribuição de freqüências

São tabelas constituídas de várias classes, normalmente com amplitudes iguais. As freqüências absolutas das classes representam a quantidade de valores de um conjunto de números que se situam entre os limites reais inferiores e superiores dessas classes.

Exercício

1 Construir uma distribuição de freqüências para as encomendas de caixas de azulejos contendo 100 unidades:

20, 35, 40, 53, 19, 16, 25, 40, 30, 15, 22, 48,
58, 36, 28, 30, 25, 23, 12, 27, 20, 18, 32, 17,
25, 13, 55, 29, 10, 18, 16, 43, 33, 24, 39, 21

Solução: A partir da ordenação dos valores por meio do gráfico ramo-e-folhas

Unidades

Dezenas	Unidades
1	9 6 5 2 8 7 3 0 8 6
2	0 5 2 8 5 3 7 0 5 9 4 1
3	5 0 6 0 2 3 9
4	0 0 8 3
5	3 8 5

pode-se representar essa distribuição de dados na seguinte tabela:

Tabela 1 — Caixa de azulejos (100 unidades)

	Encomenda	Número de Caixas	
Classes	10 a 19	10	Freqüências Absolutas
	20 a 29	12	
	30 a 39	7	
	40 a 49	4	
	50 a 59	3	
	Freqüência Total (n)	**36**	

e, em seguida, determinar os **limites reais** das classes, de acordo com o seguinte critério: soma-se o limite aparente superior da primeira classe com o limite aparente inferior da segunda classe e divide-se o resultado por dois $\left(\frac{19 + 20}{2} = 19{,}5\right)$. Este valor é o limite real superior da primeira e inferior da segunda classe. Com o mesmo critério, determinam-se os limites reais das outras classes.

A diferença entre o limite real superior da última e o limite real inferior da primeira classe recebe o nome de **amplitude total** ($A = 59,5 - 9,5 = 50$ unidades). O quociente da amplitude total pelo número de classes ($k = 5$) é a **amplitude** ou **intervalo de classe** $\left(c = \frac{50}{5} = 10 \text{ unidades}\right)$. Este valor pode ser calculado também pela diferença entre os limites reais superior e inferior de uma classe ($c = 19,5 - 9,5 = 10$ unidades).

Tabela 1a — Caixa de azulejos (100 unidades)

Classes		Encomenda			Número de Caixas (Freqüências Absolutas)
1	*9,5*	10 a 19	*19,5*		10
2	*19,5*	20 a 29	*29,5*		12
3	*29,5*	30 a 39	*39,5*		7
4	*39,5*	40 a 49	*49,5*		4
5	*49,5*	50 a 59	*59,5*		3
		Freqüência Total (n)			**36**

Para o cálculo de medidas de posição e de variabilidade é preciso determinar os **pontos médios** de classe somando os limites aparentes (ou os limites reais) de cada classe e dividindo por dois. $\left(\frac{10 + 19}{2} = 14{,}5 \text{ ou } \frac{9{,}5 + 19{,}5}{2} = 14{,}5\right)$. Os pontos médios de classe substituem nos cálculos os valores representados no rol.

Exercício

2 Na Tabela 2, de distribuição de freqüências, determinar:

a) os limites reais;
b) a amplitude total;
c) a amplitude de classe;
d) os pontos médios de classe.

Tabela 2

Classes	Custos de Transporte em Reais	Número de Funcionários (Freqüências Absolutas)
1	9 a 11	18
2	12 a 14	10
3	15 a 17	6
4	18 a 20	4
5	21 a 23	2
	Freqüência Total (n)	**40**

a) limites reais:

$$\frac{11+12}{2} = 11{,}5; \ \frac{14+15}{2} = 14{,}5; \ \frac{17+18}{2} = 17{,}5; \ \frac{20+21}{2} = 20{,}5;$$

observando que os limites reais superiores das classes correspondem aos limites aparentes superiores acrescidos de 0,5, determina-se o limite superior da última classe: $23 + 0{,}5 = 23{,}5$; de modo semelhante, os limites reais inferiores das classes correspondem aos limites aparentes inferiores diminuídos de 0,5 determina-se o limite real inferior da primeira classe: $9 - 0{,}5 = 8{,}5$.

b) amplitude total:
A = limite real superior da última classe — limite real inferior da primeira classe

$$A = 23{,}5 - 8{,}5 = 15 \text{ reais}$$

c) amplitude de classe:

$c = \frac{A}{k} = \frac{15}{5} = 3$ reais. Outra maneira é calcular a diferença entre dois limites aparentes inferiores (ou superiores) de duas classes consecutivas $12 - 9 = 3$ reais ou $14 - 11 = 3$ reais.

d) pontos médios de classe:

$$x_1 = \frac{9 + 11}{2} = 10; \frac{12 + 14}{2} = 13; \frac{15 + 17}{2} = 16;$$

$$\frac{18 + 20}{2} = 19; \frac{21 + 23}{2} = 22;$$

Tabela 2a — Custo de Transporte de Funcionários

	c = 3 reais		
	Custos em Reais	**Nº de Funcionários**	**Pontos Médios**
1	*8,5* 9 a 11 *11,5*	18	10
2	*11,5* 12 a 14 *14,5*	10	13
3	*14,5* 15 a 17 *17,5*	6	16
4	*17,5* 18 a 20 *20,5*	4	19
5	*20,5* 21 a 23 ***23,5***	2	22
	Freqüência Total (n)	**40**	–

Entre as medidas de posição, a mais utilizada é a **média aritmética**. Para calcular a média aritmética das idades de um grupo de funcionários de um departamento, é suficiente somar as suas idades e dividir pelo número de funcionários daquela seção.

Exercícios

3 No Departamento de Informática de uma empresa, verificou-se que as idades dos funcionários eram: 23, 18, 35, 26 e 38 anos, respectivamente. A média das idades é:

$$\bar{x} = \frac{23 + 18 + 35 + 26 + 38}{5} = 28 \text{ anos}$$

Genericamente: $\bar{x} = \frac{x_1 + x_2 + x_3 + \ldots + x_n}{n}$ (fórmula 1)

4 No caso de dados agrupados em classes, como na Tabela 2a, a média aritmética é calculada efetuando-se o produto dos pontos médios das classes pelas respectivas freqüências absolutas:

$$x = \frac{10 \times 18 + 13 \times 10 + 16 \times 6 + 19 \times 4 + 22 \times 2}{40} = 13{,}15 \text{ reais}$$

Significa que o custo médio de transporte dos 40 funcionários é de R$ 13,15.

Genericamente, indica-se por:

$$\bar{x} = \frac{x_1f_1 + x_2f_2 + x_3f_3 + ... + x_kf_k}{n} \quad \text{(fórmula 2)}$$

ou

$$\bar{x} = \frac{\sum_{j=1}^{k} x_jf_j}{n} \quad \text{(fórmula 2a)}$$

onde:
$\bar{x}$ = média aritmética
x_j = pontos médios de classe
f_j = freqüências absolutas de classe
n = freqüência total
k = número de classes

Identificando com os elementos do exercício anterior:

pontos médios: $x_1 = 10$, $x_2 = 13$, $x_3 = 16$, $x_4 = 19$, $x_5 = 22$
freqüências absolutas: $f_1 = 18$, $f_2 = 10$, $f_3 = 6$, $f_4 = 4$, $f_5 = 2$
freqüência total: $n = 40$ (soma das freqüências absolutas)
número de classes: $k = 5$

Em uma pesquisa, ao se analisar um conjunto de valores (agrupados ou não-agrupados), é importante saber como se distribuem esses dados em relação à média aritmética. Para medir a concentração ou dispersão desses valores relativamente à média aritmética, utiliza-se o **desvio-padrão** (ou desvio *standard*).

Para dados não-agrupados, essa medida de dispersão (ou de variabilidade) é definida por:

$$s = \sqrt{\frac{(x_1 - \bar{x})^2 + (x_2 - \bar{x})^2 + (x_3 - \bar{x})^2 + \dots + (x_n - \bar{x})^2}{n}} \quad \text{(fórmula 3)}$$

ou

$$s = \sqrt{\frac{\sum_{j=1}^{n} (x_j - \bar{x})^2}{n}} \quad \text{(fórmula 3a)}$$

onde:

s = desvio-padrão
x_j = elementos dados
$\bar{x}$ = média aritmética
n = número total de elementos dados

Exercício

5 O desvio-padrão das idades dos funcionários do Departamento de Informática (Exercício 3) é calculado como segue:

Idades: 18, 23, 26, 35, 38
Média aritmética: $\bar{x}$ = 28 anos
Desvio-padrão:

$$s = \sqrt{\frac{(18 - 28)^2 + (23 - 28)^2 + (26 - 28)^2 + (35 - 28)^2 + (38 - 28)^2}{5}}$$

$$s = \sqrt{\frac{(-10)^2 + (-5)^2 + (-2)^2 + (7)^2 + (10)^2}{5}}$$

$$s = \sqrt{\frac{100 + 25 + 4 + 49 + 100}{5}} = \sqrt{\frac{278}{5}} = \sqrt{55{,}60} = 7{,}5 \text{ anos}$$

Observe-se que no intervalo: $\overline{X} \pm 1s = 28 \pm 1 \times 7.5$, isto é, entre (28 – 7,5) e (28 + 7,5) ou 20,5 anos e 35,5 anos, ccncentram-se 60% dos valores em torno da média aritmética.

Para o caso de uma distribuição de freqüências (dados agrupados em classes), o desvio-padrão é calculado pela fórmula:

$$s = \sqrt{\frac{(x_1 - \overline{x})^2 f_1 + (x_2 - \overline{x})^2 f_2 + (x_3 - \overline{x})^2 f_3 + \ldots + (x_k - \overline{x})^2 f_k}{n}}$$

(fórmula 4)

ou

$$s = \sqrt{\frac{\sum_{j=1}^{k} (x_j - \overline{x})^2 f_j}{n}} \quad \text{(fórmula 4a)}$$

Onde:

s = desvio-padrão

x_j = pontos médios de classe

$\overline{x}$ = média aritmética

f_j = freqüências absolutas de classe

n = freqüência total

k = número de classes

Exercício

6 O diagrama ramo-e-folhas da página 41 mostra as idades dos funcionários de uma empresa. Construir uma tabela de distribuição de freqüência para esses dados e calcular:

a) a média aritmética;

b) o desvio-padrão das idades dos funcionários.

Tabela 3 — Idade dos Funcionários de uma Empresa

c = 10			
	Idade (Anos)	Nº de funcionários	Pontos Médios
1	10 a 19	2	14,5
2	20 a 29	12	24,5
3	30 a 39	7	34,5
4	40 a 49	3	44,5
5	50 a 59	1	54,5
	Freqüência Total (n)	25	–

Média aritmética:

$$\bar{x} = \frac{14{,}5 \times 2 + 24{,}5 \times 12 + 34{,}5 \times 7 + 44{,}5 \times 3 + 54{,}5 \times 1}{25}$$

$\bar{x}$ = 30,1 anos ≅ 30 anos

Desvio-padrão:

$$s = \sqrt{\frac{2216{,}25}{25}} = \sqrt{88{,}65} = 9{,}4 \text{ anos}$$

Os cálculos que conduziram ao valor do numerador 2216,25 são: (ponto médio – média alternativa)^2 · freqüência absoluta

$(14{,}5 - 30)^2 \cdot 2 = 480{,}50$

$(24{,}5 - 30)^2 \cdot 12 = 363{,}00$

$(34{,}5 - 30)^2 \cdot 7 = 141{,}75$

$(44{,}5 - 30)^2 \cdot 3 = 630{,}75$

$(54{,}5 - 30)^2 \cdot 1 = 600{,}25$

Total = 2216,25

Quando o número de elementos de um conjunto é pequeno ($n \leq 30$) utiliza-se o **desvio-padrão corrigido**, substituindo-se na fórmula do desvio-padrão o denominador **n** por **(n – 1)**.

Neste exercício, o desvio-padrão corrigido é:

$$s_c = \sqrt{\frac{2216{,}25}{25 - 1}} = 9{,}6 \text{ anos}$$

Outras medidas de posição podem ser utilizadas, como a média geométrica, a média harmônica, a raiz média quadrática, a média aritmética ponderada, a moda e a mediana. Do mesmo modo, pode-se utilizar o desvio médio como medida de dispersão.

A seguir, serão abordados os cálculos dessas medidas para dados não-agrupados.

Exercício

7 Calcular:

a) a média geométrica;
b) a média harmônica;
c) a raiz média quadrática

dos números: 4, 15, 7, 9, 13, 12 e comparar a ordem de grandeza de cada resultado com a média aritmética.

a) Média geométrica

$$G = \sqrt[n]{x_1 \times x_2 \times x_3 \times \ldots \times x_n} \quad \text{(fórmula 5)}$$

$$G = \sqrt[6]{4 \times 15 \times 7 \times 9 \times 13 \times 12} = \sqrt[6]{589680} \cong 9{,}2$$

b) Média harmônica

$$H = \frac{n}{\frac{1}{x_1} + \frac{1}{x_2} + \frac{1}{x_3} + \ldots + \frac{1}{x_n}} \quad \text{(fórmula 6)}$$

$$H = \frac{6}{\frac{1}{4} + \frac{1}{15} + \frac{1}{7} + \frac{1}{9} + \frac{1}{13} + \frac{1}{12}} = \frac{6}{0{,}7309} \cong 8{,}2$$

c) Raiz média quadrática

$$RMQ = \sqrt{\frac{x_1^2 + x_2^2 + x_3^2 + \ldots + x_n^2}{n}} \text{ (fórmula 7)}$$

$$RMQ = \sqrt{\frac{4^2 + 15^2 + 7^2 + 9^2 + 13^2 + 12^2}{6}} =$$

$$RMQ = \sqrt{\frac{684}{6}} = \sqrt{114,00} \cong 10,7$$

e calculando a **média aritmética** (fórmula 1)

$$\bar{x} = \frac{4 + 15 + 7 + 9 + 13 + 12}{6} = \frac{60}{6} = 10,0$$

Comparando os resultados, nota-se que todos os valores dessas medidas de tendência central são próximos:

$$RMQ > \bar{x} > G > H \rightarrow 10,7 > 10,0 > 9,2 > 8,2$$

A **média aritmética ponderada** é igual ao produto dos valores dados pelos pesos respectivos dividido pela soma dos pesos de cada valor:

$$\bar{x}_p = \frac{x_1p_1 + x_2p_2 + x_3p_3 + \ldots + x_np_n}{p_1 + p_2 + p_3 + \ldots + p_n} \text{ (fórmula 8)}$$

onde:
$\bar{x}_p$ = média aritmética ponderada
$x_1, x_2, x_3, \ldots, x_n$ = valores dados
$p_1, p_2, p_3, \ldots, p_n$ = pesos correspondentes a cada valor dado

Exercício

8 O serviço municipal de água e esgoto de um município da Grande São Paulo tem as faixas de consumo de água estabelecidas de acordo com o critério:

Consumo de Água em Metros Cúbicos	Tarifa em Reais
Até 10	0,412
De 11 a 20	1,040
De 21 a 50	2,330
Acima de 51	2,760

Fonte: SEMAE – jun./2002

Para um consumo de 25,8 metros cúbicos, o valor total a pagar e o valor da tarifa média de consumo por metro cúbico de água são calculados observando-se que o consumo está subdividido em três intervalos:

Consumo (m^3)	Tarifa (R$)	Custo (R$)
Até 10	0,412	$10 \times 0{,}412 = 4{,}12$
11 a 20	1,04	$10 \times 1{,}04 = 10{,}40$
21 a 25,8	2,33	$5{,}8 \times 2{,}33 = 13{,}51$
Total = 25,8 m^3	**Total a Pagar**	**28.03**

Considerando como pesos os consumos $p_1 = 10\ m^3$, $p_2 = 10\ m^3$ e $p_3 = 5{,}8\ m^3$ e $x_1 = 0{,}412$, $x_2 = 1{,}04$ e $x_3 = 2{,}33$ como os preços das tarifas diferenciadas para o consumo, o cálculo da média aritmética ponderada tem como resultado a tarifa média por metro cúbico de água consumida:

$$\bar{x}_p = \frac{0{,}412 \times 10 + 1{,}04 \times 10 + 2{,}33 \times 5{,}8}{10 + 10 + 5{,}8}$$

$$\bar{x}_p = \frac{28{,}034 \text{ reais}}{25{,}8\ m^3} = 1{,}087 \text{ reais}/m^3$$

Verificação: $25{,}8\ m^3 \times (1{,}087 \text{ reais}/m^3) = 28{,}04$ reais

Observar que se os pesos forem todos iguais, a média aritmética ponderada coincidirá com a média aritmética.

Exercícios

9 Calcular a média aritmética ponderada de 42 e 18, cujos pesos respectivos são 3 e 3.

$$\bar{x}_p = \frac{42 \times 3 + 18 \times 3}{3 + 3} = \frac{(42 + 18) \times 3}{2 \times 3} = \frac{42 + 18}{2} = \frac{60}{2} = 30$$

10 O aproveitamento de 9 funcionários em um curso de iniciação sobre a utilização de aplicativos de informática (Excel, Access e PowerPoint) está representado na seguinte tabela:

7, 8, 10, 7, 9, 7, 9, 5, 10

Calcular a média aritmética, a moda e a mediana das notas.

a) Média aritmética

Aplicando a fórmula 1

$$\bar{x} = \frac{7 + 8 + 10 + 7 + 9 + 7 + 9 + 5 + 10}{9} = \frac{72}{9} = 8{,}0$$

b) Moda

A moda de um conjunto de números é o valor mais freqüente, ou seja, o valor que ocorre o maior número de vezes.

Ordenando as notas de aproveitamento dos funcionários:

5, 7, 7, 7, 8, 9, 9, 10, 10

verifica-se que 7 ocorre três vezes, portanto a moda é 7.

c) Mediana

A mediana de um conjunto de números ordenados é o valor central desse conjunto.

5, 7, 7, 7, **8**, 9, 9, 10, 10

O valor central desse conjunto ordenado é 8, que corresponde à mediana.

11 Os dados da tabela referem-se às idades dos funcionários de uma empresa obtidos a partir de uma pesquisa, com o objetivo de conhecer o perfil dos funcionários.

Dados brutos

18	35	21	18	20	23	45	21	27	30
26	33	20	36	25	35	21	39	32	28
43	29	21	52	48					

Calcular a moda e a mediana das idades dos funcionários.

a) Moda

Ordenando os dados:

Rol

18	18	20	20	**21**	**21**	**21**	**21**	23	25
26	27	28	29	30	32	33	35	35	36
39	43	45	48	52					

A moda das idades é 21, pois ocorre quatro vezes. Este conjunto que possui apenas uma moda é denominado **unimodal**.
Nota: Os que possuem duas modas são denominados **bimodais**, aqueles que têm três modas ou mais, **multimodais**.
Os conjuntos em que todos os números ocorrem o mesmo número de vezes não têm moda.

b) Mediana

Rol

18	18	20	20	21	21	21	22	23	25
26	27	**28**	29	30	32	33	35	35	36
39	43	45	48	52					

Quando o número de elementos de um conjunto ordenado é **ímpar**, a mediana corresponde ao número de ordem $\frac{n+1}{2}$.

Por isso, no exercício dado, a mediana corresponde ao termo de ordem $\frac{n+1}{2} = \frac{25+1}{2} = 13^{\underline{o}}$ ou **28**.

Exercício

12 Calcular a mediana do seguinte conjunto de números:

42 15 35 23 14 25 17 35 28 23

ordenando

14 15 17 23 **23** | **25** 28 35 35 42

Número de elementos = 10

Quando o número de elementos é par, a mediana corresponde à média aritmética dos termos de ordem $\frac{n}{2}$ e $\frac{n+2}{2}$.

A mediana é a média aritmética dos termos de ordem $\frac{10}{2} = 5^{\underline{o}}$ e $\frac{10+2}{2} = 6^{\underline{o}}$, ou seja, a média aritmética de 23 e 25, que é igual a

$\bar{x} = \frac{23+25}{2} = 24$.

4.2.3 Assimetria e curtose

4.2.3.1 ASSIMETRIA

Na análise de uma distribuição de freqüências, pode-se determinar se ela é simétrica ou assimétrica. Uma distribuição é simétrica quando os valores da média aritmética, da mediana e da moda são iguais, ou seja, $\bar{x} = m_d = m_o$. Se $m_o > m_d > \bar{x}$, a distribuição apresenta uma assimetria positiva e se $m_o < m_d < \bar{x}$, a assimetria é negativa.

Para medir a assimetria, utiliza-se o

1º Coeficiente de Assimetria de Pearson:

$$A_s = \frac{\text{média aritmética} - \text{moda}}{\text{desvio-padrão}} \text{ (fórmula 9)}$$

ou

2º Coeficiente de Assimetria de Pearson, dado pela fórmula empírica

$$A_s = \frac{3(\text{média} - \text{mediana})}{\text{desvio-padrão}} \text{ (fórmula 10)}$$

Exercícios

13 Determinar o 1º coeficiente de assimetria de Pearson da distribuição das idades, apresentada na Tabela 3:

Tabela 3 — Idade dos Funcionários de uma Empresa

c = 10			
	Idade em Anos	**Número de Funcionários**	**Pontos Médios**
1	10 a 19	2	14,5
2	20 a 29	12	24,5
3	30 a 39	7	34,5
4	40 a 49	3	44,5
5	50 a 59	1	54,5
	Freqüência Total (n)	**25**	–

Média aritmética: $\bar{x} = 30$ anos

Desvio-padrão: $s = 9{,}4$ anos

Moda: $m_0 = 19{,}5 + \frac{10}{10 + 5} \times 10 = 26{,}2$ anos

1º Coeficiente de Assimetria de Pearson:

$$A_s = \frac{(30 - 26{,}2) \text{ anos}}{9{,}4 \text{ anos}} = +\,0{,}4043 \rightarrow \text{assimetria positiva}$$

14 Determinar o 2º coeficiente de assimetria de Pearson da distribuição das comissões de vendas, em reais, em uma loja de materiais de construção, apresentada na Tabela 4:

Tabela 4 — Comissões de Vendas

c = 50			
	Comissões (Reais)	**Nº de Funcionários**	**Pontos Médios**
1	200 a 240	2	220
2	250 a 290	4	270
3	300 a 340	5	320
4	350 a 390	10	370
5	400 a 440	4	420
	Freqüência Total (n)	**25**	–

a) Média aritmética

$$\bar{x} = \frac{220 \times 2 + 270 \times 4 + 320 \times 5 + 370 \times 10 + 420 \times 2}{25}$$

$$\bar{x} = \frac{8500}{25} = 340{,}00 \text{ reais}$$

b) Desvio-padrão

$$s = \sqrt{\frac{85000}{25}} = \sqrt{3400} = 58{,}31 \text{ reais}$$

Os cálculos correspondentes ao valor do numerador 8500 são:
(ponto médio – média alternativa)^2 · freqüência absoluta

$(220 - 340)^2 \cdot 2 = 28800$
$(270 - 340)^2 \cdot 4 = 19600$
$(320 - 340)^2 \cdot 5 = 2000$
$(370 - 340)^2 \cdot 10 = 9000$
$(420 - 340)^2 \cdot 4 = 25600$

Total = 85000

c) Mediana

$$m_d = 345 + \frac{\frac{25}{2} - 11}{10} \times 50 = 352{,}50 \text{ reais}$$

d) 2º Coeficiente de Assimetria de Pearson

$$A_s = \frac{3(\text{média} - \text{mediana})}{\text{desvio-padrão}}$$

$$A_s = \frac{3(340,00 - 352,50)}{58,31} = -\,0,6431 \rightarrow \text{assimetria negativa}$$

4.2.3.2 CURTOSE

É medida pelo seu maior ou menor achatamento em relação à curva normal ou de Gauss e classifica-se em: platicúrtica (achatada), mesocúrtica (normal) e leptocúrtica (afilada).

Uma das fórmulas empregadas para medir a **curtose** é:

$$K = \frac{\dfrac{\sum_{j=1}^{k} (x_j - \bar{x})^4}{n}}{s^4} - 3 \quad \text{e a distribuição é} \begin{cases} \text{platicúrtica se } k < 0 \\ \text{mesocúrtica se } k = 0 \\ \text{leptocúrtica se } k > 0 \end{cases}$$

Exercício

15 Determinar o coeficiente de curtose da distribuição de custos de transporte da Tabela 2.

Tabela 2 — Custos de Transporte de Funcionários

c = 3				
	Custos em Reais	**Nº de Funcionários**	**Pontos Médios**	**$(x_i - \bar{x})^4 f_i$**
1	9 a 11	18	10	1772,21
2	12 a 14	10	13	0,01
3	15 a 17	6	16	395,85
4	18 a 20	4	19	4684,82
5	21 a 23	2	22	12268,83
	Freqüência Total (n)	**40**	–	**19121,61**

Média aritmética: $\bar{x} = 13,15$ reais
Desvio-padrão: $s = 3,61$ reais
Curtose:

$$K = \frac{\frac{19121,61}{40}}{(3,61)^4} - 3$$

$$K = \frac{478,04}{169,72} - 3$$

$$K = 2,8147 - 3$$

$$K = -0,1853 \rightarrow \text{Platicúrtica}$$

Significa que existe uma concentração de valores em torno da moda e a curva é afilada.

4.2.4 Gráficos de análise

Para a representação gráfica das distribuições de freqüências utilizam-se o histograma, o polígono de freqüências e o polígono de freqüências acumuladas crescentes.

Exercício

16 Construir para a distribuição de freqüências da Tabela 4:

a) Histograma

Tabela 4 — Comissões de Vendas

c = 50			
	Comissões (Reais)	**Nº de Funcionários**	**Pontos Médios**
1	200 a 240	2	220
2	250 a 290	4	270
3	300 a 340	5	320
4	350 a 390	10	370
5	400 a 440	4	420
	Freqüência Total (n)	**25**	–

O **histograma** é um gráfico constituído de retângulos igual ao número de classes (k), tendo como base os limites reais inferior e superior de cada uma delas e alturas proporcionais às suas freqüências absolutas (f_i).

Comissões de Vendas
Loja de Materiais de Construções

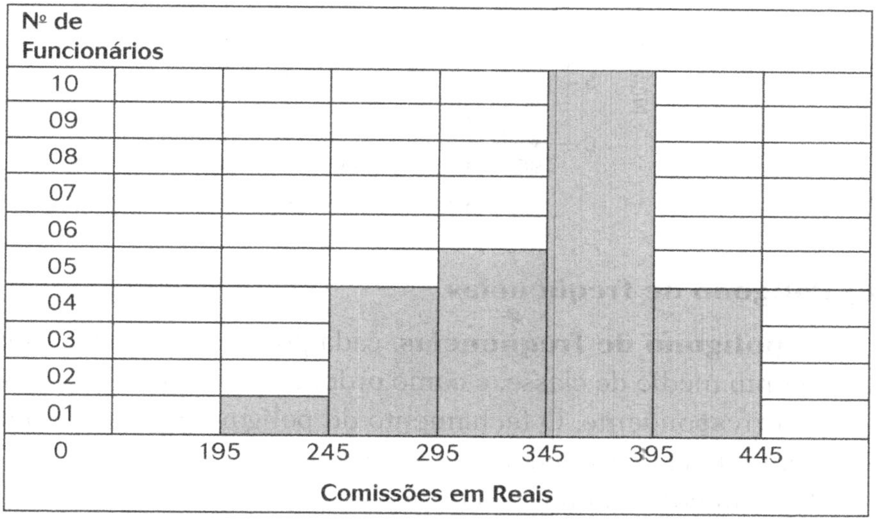

b) Polígono de freqüências acumuladas crescentes

No polígono de freqüências acumuladas crescentes utilizam-se para abscissas os limites reais superiores das classes, e para ordenadas, as freqüências acumuladas crescentes.

A **freqüência acumulada crescente** de cada classe é igual à soma da freqüência absoluta da própria classe com as freqüências absolutas das classes anteriores:

$f_{a,1} = 2$; $f_{a,2} = 2 + 4 = 6$; $f_{a,3} = 2 + 4 + 5 = 11$;

$f_{a,4} = 2 + 4 + 5 + 10 = 21$; $f_{a,5} = 2 + 4 + 5 + 10 + 4 = 25$

Comissões de Vendas
Loja de Materiais de Construção

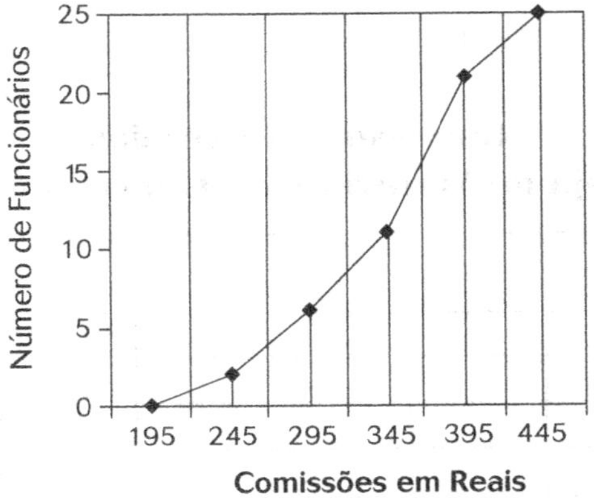

c) Polígono de freqüências

No **polígono de freqüências**, cada ponto tem como abscissa o ponto médio de classe, e como ordenada, a freqüência absoluta correspondente. O fechamento do polígono é feito no ponto médio da classe imediatamente anterior e no ponto médio da classe imediatamente posterior, respectivamente.

Comissões em Reais
Loja de Materiais de Construção

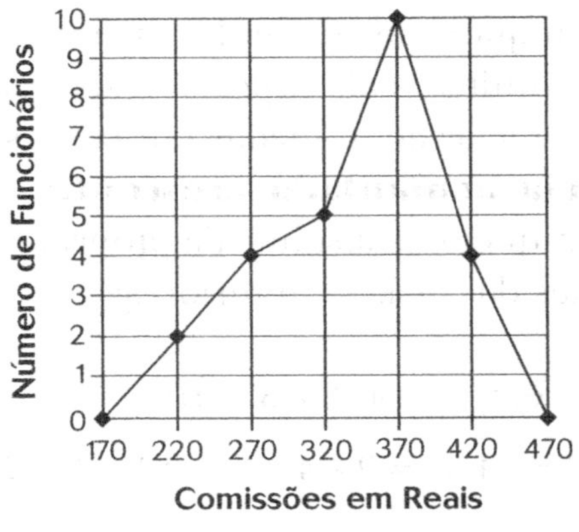

No desenvolvimento desta primeira parte, foram apresentadas medidas da estatística descritiva com exercícios de aplicação sobre os temas abordados.

4.3 Amostragem e Questionário

Nesta abordagem serão apresentados alguns tipos de amostragens e sugestões para a elaboração de questionários.

Na coleta de dados deve-se prever a forma de análise a que os dados serão submetidos, com o objetivo de obter as informações de que se necessita.

A análise dos dados pode não ser estatística (quando não utiliza dados quantitativos) e se apóia em informações relativas à matéria a ser analisada para a tomada de decisão, e é estatística (quando utiliza dados quantitativos, identificados por meio de números para a tomada de decisões).

A primeira é mais comum, utilizada em reuniões com os executivos de empresas, nas quais são levantadas informações relevantes sobre o desempenho da equipe responsável pelos departamentos. As sugestões e opiniões são para melhorar a qualidade dos produtos e aprovação total ou parcial da matéria de interesse, ou, ainda, para verificação das proposições tratadas mais importantes para o grupo.

Na segunda, as decisões são baseadas em amostras representativas de uma população, obtidas por processos de escolha aleatória simples, em que todos os elementos da população tenham a mesma probabilidade de serem selecionados.

Para conhecer o grau de eficiência (execução de uma atividade necessária à realização de uma tarefa e obter os resultados esperados) de funcionários responsáveis pela produção de um determinado bem, pode-se calcular a média de produtos perfeitos, estabelecendo-se um intervalo com percentuais de aceitação ou rejeição. Este intervalo poderia ter como:

- limite inferior = média aritmética menos um desvio-padrão;
- limite superior = média aritmética mais um desvio-padrão. Exemplo: Na fabricação de impressoras de uma determinada marca, a

média de peças perfeitas/hora = 500 e o desvio-padrão de peças perfeitas/hora = 50. O intervalo de eficiência ótimo para decisão de continuar com a produção sem interromper o processo para correções poderia ser

- limite inferior = 500 – 50 = 450 peças perfeitas/hora;
- limite superior = 500 + 50 = 550 peças perfeitas/hora.

Quando se abordou o tipo de amostragem foi mencionada a amostragem aleatória simples. Entretanto, existem outros tipos, como as amostragens sistemática e estratificada (o Universo é dividido em estratos, do qual se selecionam, aleatoriamente, elementos para fazer parte da amostra). Exemplo: Na empresa, entre os departamentos de engenharia, de contabilidade e de administração, selecionar como estrato somente os funcionários com habi litação ou cursando essas três áreas e compor uma amostra de cinco funcionários, com os quais será feita uma entrevista relacionada com os interesses da empresa para melhoria da qualidade de trabalho.

No caso de uma amostra sistemática, selecionar na folha de registro de 50 funcionários da empresa, a partir do terceiro registro, por exemplo, um nome a cada sétimo nome, a partir do primeiro registro escolhido, ou seja, o terceiro, o décimo, o décimo sétimo, o vigésimo quarto e o trigésimo primeiro.

O propósito do questionário é coletar dados para tomar decisões, fazer diagnósticos de necessidades e apreciação crítica a respeito de situações ou fatos que deram causa à pesquisa.

O questionário pode ser:

- Aberto: quando o respondente expressa a sua opinião sobre a pergunta formulada.
- Fechado: quando existem várias opções de escolha e o respondente escolhe uma como resposta à pergunta formulada – é aconselhável delimitar a formulação de questões abertas.
- Misto: quando abrange os dois tipos anteriores.

O processo de elaboração subentende a definição de objetivos da pesquisa, de um modo geral a quem a pesquisa é dirigida. No questionário devem constar itens relacionados com as instruções para a resposta das perguntas e a colaboração do respondente para o êxito da pesquisa.

Antes da sua aplicação, fazer um pré-teste para determinar eventuais falhas como indicação de respostas, perguntas malformuladas e difíceis de entender ou ambíguas, para reorientar o processo ou meios utilizados na abordagem. Decidir se a pesquisa será presencial ou à distância. Esta última utilizando os meios de comunicação usuais, tais como: telefone, fax, carta, e-mail, *chats* e outros. Analisar as vantagens e desvantagens dos processos utilizados.

Em qualquer um dos casos mencionados, estabelecer detalhadamente cada uma das fases de execução do levantamento de dados:

- Definição da população.
- Coleta de dados: questionário com aplicação presencial ou à distância.
- Aplicação.
- Tabulação de dados.
- Apresentação dos resultados.

Exercício

17 Nos itens a, b, c e d constam informações gerais sobre questionário, índices econômicos e avaliação de desempenho.

a) Pesquisa para o levantamento de dados de funcionários de uma determinada empresa.
O objetivo deste questionário é obter informações dos funcionários sobre os itens abordados. Com isso, a empresa poderá tomar conhecimento das necessidades e falhas que serão analisadas criticamente para reformulação, se for o caso.

RESPONDA NA GRADE DE RESPOSTAS ANEXA A ALTERNATIVA ESCOLHIDA PARA CADA ITEM. VERIFIQUE SE RESPONDEU TODAS AS PERGUNTAS.
Não é necessário identificar-se. Expresse a sua opinião livremente. A exatidão de suas respostas é importante. Procure responder da maneira mais imparcial e objetiva possível.
Agradecemos a sua colaboração nas respostas aos quesitos formulados para o sucesso desta pesquisa.

1. Profissão:__________________ Sexo: ☐ Masculino
☐ Feminino

2. Idade: ☐ 15 a 20 anos
☐ 21 a 26 anos
☐ 27 a 32 anos
☐ 33 a 38 anos
☐ 39 a 44 anos
☐ 45 a 50 anos
☐ mais de 51 anos

3. Estado civil: ☐ Solteiro ☐ Casado
☐ Desquitado ☐ Divorciado ☐ Separado
☐ Outro

4. Tem filhos: ☐ Sim. Quantos ____
☐ Não

5. Nível de escolaridade:
☐ Fundamental incompleto ☐ Fundamental completo
☐ Médio incompleto ☐ Médio completo
☐ Superior incompleto ☐ Superior completo

6. Renda familiar (em R$):
   - ☐ 500,00 a 900,00
   - ☐ 1.000,00 a 1.400,00
   - ☐ 1.500,00 a 1.900,00
   - ☐ 2.000,00 a 2.400,00
   - ☐ 2.500,00 a 2.900,00
   - ☐ 3.000,00 a 3.400,00
   - ☐ 3.500,00 a 3.900,00

7. Possui automóvel? ☐ Sim ☐ Não

8. Casa própria? ☐ Sim ☐ Não

9. Qual a condução utilizada para chegar à empresa?
   ☐ Automóvel ☐ Ônibus ☐ Trem/Metrô
   ☐ Outra ☐ Nenhuma

Se for utilizado mais de um meio de transporte, assinalar com X cada uma das opções.
As perguntas específicas serão elaboradas pelo estagiário.

b) O(a) secretário(a), no exercício de suas funções, deve conhecer os Indicadores Econômicos, publicados diariamente no Caderno de Economia, dos jornais de grande circulação e jornais locais de municípios.
Existem publicações semanais, que são incluídas como encartes de jornais, que divulgam de forma didática e esclarecem os principais indicadores, como IGP-M (Índice Geral de Preços de Mercado), calculado pela Fundação Getúlio Vargas, um dos principais referenciais de preços do País, ao lado do IPC-FIPE e do IPCA, apurado pelo Instituto Brasileiro de Geografia e Estatística (IBGE) e usado como base para as metas de inflação. Este índice é elaborado para contratos de mercado financeiro; INPC (Índice Nacional de Preços ao Consumidor) usado para corrigir

contratos em geral, calculado pelo IBGE, variações em percentuais da poupança, cestas de moedas e índices de inflação, de diferentes fontes, percentagens de reajuste de aluguel e outros. Trazem, ainda, sugestões e dicas de utilização de aplicativos como o Excel, além de gráficos de informação (linhas, colunas, barras, setores, pictóricos, organogramas e outros). Consulta a revistas especializadas para a área de secretariado e sites de interesse da classe.

c) Avaliação de desempenho

Para a avaliação de desempenho, é necessário elaborar um questionário com o objetivo de melhorar a execução de trabalhos ou atividades dos funcionários, analisar a satisfação pessoal e profissional e procurar detectar os pontos fracos e fortes, reforçar os itens que apresentam desempenho satisfatório e buscar soluções para a melhoria desejada.

Esta pesquisa, feita por meio de entrevista, individualmente, com a utilização de um questionário de perguntas preparadas antecipadamente, tem a vantagem de eliminar dúvidas e permitir indagar com profundidade o tema focalizado, além de sentir a reação do entrevistado ao apoiar ou se opor de forma conservadora a qualquer inovação.

Para levar a efeito esta entrevista, o pesquisador deve conhecer com detalhes o assunto a ser abordado, evitando inibir o entrevistado.

Este é um estudo que pode ser elaborado para um projeto de estágio supervisionado e despertar o interesse dos supervisores de empresa onde se realiza o estágio.

É uma prática que as organizações podem adotar para estimular o desempenho e valorizar o trabalho de seus profissionais.

Não existindo esse tipo de avaliação na maioria das empresas do Brasil, os profissionais não têm seu desempenho avaliado nessas organizações. Os executivos que exercem funções de supervisores não divulgam o que pensam e como julgam o desempenho de seus colaboradores. É imprescindível promover um diálogo entre os profissionais e os seus supervisores para saber como são analisados, pois fala-se muito a respeito deles, mas não diretamente com eles, para conhecer os seus pontos fortes e fracos.

d) Outro aspecto que o estagiário pode analisar são as pesquisas de salários médios de mercado de empresas de diversos portes e ramos de atividade, para cargos exercidos por profissionais nos diversos segmentos — indústria, comércio, construção, serviços, hotelaria, saúde —, de empresas de pequeno, médio e grande portes, publicados nos jornais de grande circulação, e obter informações da variação salarial setorial ou geral.
Trata-se de uma pesquisa interessante que o estagiário pode acrescentar no seu relatório, ilustrando com gráficos de informação (linhas, colunas, barras, setores, pictóricos e outros), comparando o salário de acordo com as atribuições do cargo de secretário(a). Na Internet existem sites que trazem pesquisas de cargos e salários na rede, remuneração média para os cargos, informações sobre valores máximo e mínimo de salários mensais, média salarial nacional e as médias de vários estados brasileiros. É uma incursão interessante e proveitosa.

Exercício

18 Os dados seguintes foram obtidos na página de Classificados-Empregos do jornal *O Estado de S. Paulo*, de 16 de junho de 2002. Representar graficamente os dados de acordo com o

- ramo de atividade da empresa;
- porte da empresa.

a) Variação de acordo com o ramo de atividade:

Secretária

Ramo de Atividade	Salário (R$)
Indústria	1.825,00
Construção	1.615,00
Comércio	1.522,00
Serviços	1.605,00
Mercado Geral	**1.624,00**

Fonte: Estadão/jun./2002

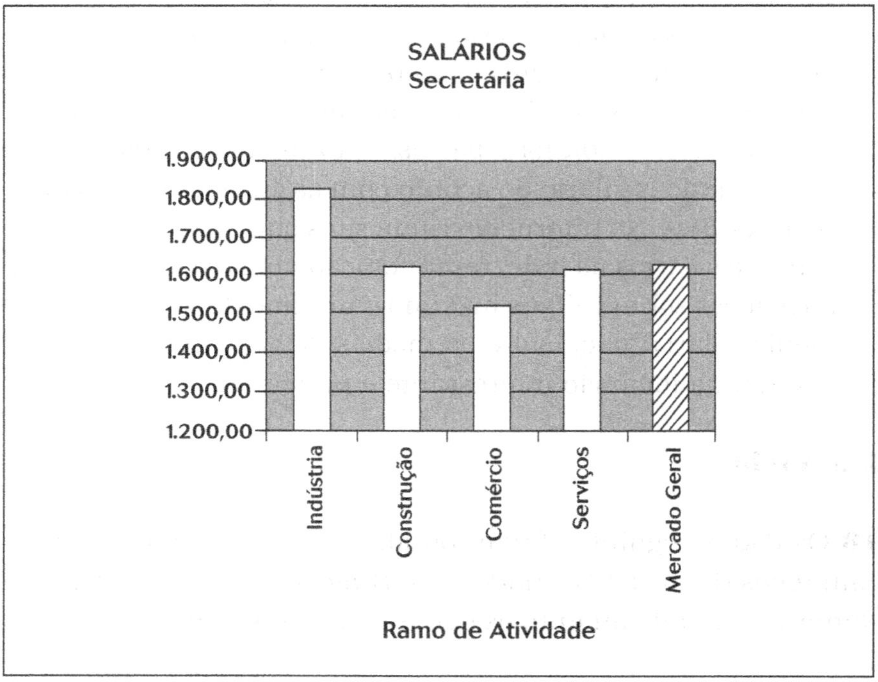

b) Variação de acordo com o porte da empresa:

Secretária

Porte	Salário (R$)
Pequeno	1.346,00
Médio	1.422,00
Grande	1.721,00
Mercado Geral	1.624,00

Fonte: Estadão/jun./2002

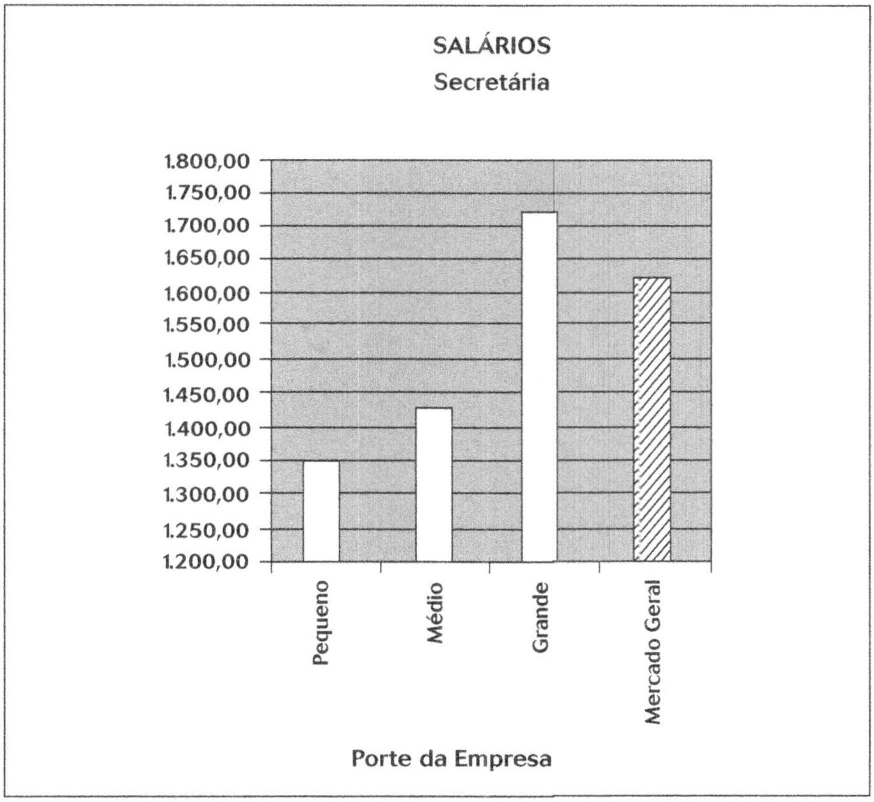

Capítulo 5

ELABORAÇÃO DO RELATÓRIO: APRESENTAÇÃO FINAL DO TRABALHO

5.1 Primeiros Passos

Antes de iniciar qualquer trabalho científico, tem-se de proceder ao que aqui denominamos "primeiros passos". São as considerações preliminares necessárias para que se possa redigir bem um relatório depois de todas as etapas vencidas quando da aplicação do projeto.

É importante relembrar:

- para aprender a elaborar e redigir o projeto (capítulos 2 e 3), o aluno, no primeiro mês da realização do estágio, observa os detalhes do ambiente de trabalho e as ocorrências do cotidiano. Em contato com o professor-orientador, concretiza a redação do tema, problema, justificativa e objetivos;
- o estudante deve, então, dar continuidade ao projeto seguindo todas as etapas previstas para sua finalização, procedendo à revisão teórica, escolhendo o método e a técnica para investigação e registrando as ocorrências importantes para evitar esquecimentos que tornariam falho o relatório.

O momento para análise das anotações e do material recolhido é previsto no cronograma. Este consta do projeto e se constitui em um alerta para a ocasião em que devem ser executadas as fases do trabalho, incluindo o relatório final, objeto deste capítulo.

Acompanhando essa seqüência e aos poucos, inicia-se a redação do relatório, o qual aponta, fase por fase, tudo o que ocorreu durante esse percurso. Neste momento, o diário de campo, em que se anotam todas as observações do dia-a-dia e um portfólio, no qual se reuniu todo o material necessário para esse procedimento, serão instrumentos indispensáveis. Esse preparo acontece no decorrer do estágio e evitará a apresentação de um trabalho pobre, sem validade para o futuro profissional.

Se o estudante do Curso de Secretariado elaborar um projeto, como o indicado nos capítulos 2 e 3 deste livro, já é uma certeza de que, além de ter como resultado de seus estudos um bom relatório, em muitas tarefas de sua profissão saberá seguir o caminho seguro para o sucesso.

As atividades propostas darão a necessária segurança ao aluno e comprovarão sua competência e capacidade como observador de fatos. É importante saber narrar ocorrências que ficarão registradas em um arquivo pessoal e que servirão de norteadoras para futuros trabalhos acadêmicos. Além disso, a ação aqui apresentada para o estágio curricular é o primeiro passo para futuros empreendimentos profissionais.

Portanto, depois da elaboração do projeto, o estagiário, que já deve estar em atividade contínua com seu diário de campo, inicia a relação teoria e prática de imediato, acumulando o material para o relatório: rascunhos, documentos, resultados de entrevistas, fotos, depoimentos, tabelas e gráficos ou o que for necessário para preparar gradualmente sua redação.

No Brasil, a Associação Brasileira de Normas Técnicas (ABNT) estabelece uma série de normas, as quais determinam a formatação de publicações. O objetivo é que ao ler um trabalho, já se saiba quais as partes que o compõem, como localizá-las, além de outros detalhes que escapam à percepção quando apenas somos leitores, mas que facilitam a leitura de publicações científicas, dissertações, teses, livros e outros.

Essas normas existem em outros países e as internacionais são comumente utilizadas por diversas instituições. Nas orientações deste livro utilizamos as normas determinadas pela ABNT.

Antes de descrevermos as partes do relatório, algumas recomendações ainda se fazem necessárias:

- Na redação do relatório, nos cursos de bacharelado, usa-se a terceira pessoa do singular; o plural majestático (ou de modéstia)[1] é usado somente na área de Educação, nos trabalhos de licenciatura, pós-graduação, mestrado e outros.
- O relatório deve ser apresentado em folha de papel sulfite A4, digitado em uma das faces. Seguir as normas da ABNT é o que sugerimos para que os trabalhos tenham uma só linha de redação e os estudantes se habituem a seguir regras normais em trabalhos acadêmicos.
- A numeração das páginas, dependendo de orientação da instituição, poderá localizar-se: no fim (rodapé), ou no início da página (cabeçalho). Pode ser interna, externa, centralizada, à esquerda, ou à direita.
- Ao consultar este livro, que consideramos um manual, o aluno saberá redigir com independência e maturidade o seu relatório, mas não poderá prescindir da orientação e supervisão de professores, para que seu aproveitamento seja total.
- Toda e qualquer atividade em nossa vida necessita de planejamento. Espera-se que, por meio das orientações aqui encontradas, os estudantes aprendam e apreciem o fato de saber elaborar projetos e relatórios, que certamente servirão para futuras atividades e trabalhos de graduação e pós-graduação.

[1] Emprego do pronome pessoal nós, em lugar do eu, como sinal de modéstia. É denominado majestático por ser empregado por reis, papas e prelados.

- A atenção com a linguagem deve ser total. Consultar dicionários, para evitar termos repetitivos, ler diversas vezes, corrigir e recorrigir sempre. Essa atitude levará o estudante a se aperfeiçoar cada vez mais e conseguir facilidade ao elaborar outras redações.
- O aluno que realizar um trabalho completo, utilizando inclusive a estatística, terá facilidade, no futuro, para empregar esse conhecimento em atividades de sua profissão que requeiram informações semelhantes. Essa habilidade é muito importante para o secretariado.

5.2 Estrutura e Apresentação de Trabalhos Acadêmicos

De acordo com a Tabela 1 da Norma 14.724, de julho de 2001, da ABNT, atualizada em agosto de 2002, válida a partir de 29 de setembro de 2002, *"a estrutura de tese, dissertação ou de um trabalho acadêmico compreende: elementos pré-textuais, elementos textuais e elementos pós-textuais".*

O relatório de Estágio Curricular Supervisionado é um trabalho acadêmico que deve seguir essa norma para sua apresentação. Depois de aplicadas as etapas constantes do projeto elaborado pelo estudante com a orientação do professor, ou professores — o de Metodologia Científica e das áreas específicas —, a Norma 14.724 tem a indicação para todos os elementos, obrigatórios e opcionais, que podem constar dessa redação.

5.2.1 Disposição dos elementos em sua estrutura

(Tabela 1 da Norma 14.724)

Elementos pré-textuais:

— *Capa (obrigatório)*

— *Folha de rosto (obrigatório)*

— *Errata (opcional)*

— *Folha de aprovação (obrigatório)*
— *Dedicatória (opcional)*
— *Agradecimentos (opcional)*
— *Epígrafe (opcional)*
— *Resumo na língua vernácula (obrigatório)*
— *Resumo em língua estrangeira (obrigatório)*
— *Sumário (obrigatório)*
— *Lista de ilustrações (opcional)*
— *Lista de abreviaturas (opcional)*
— *Lista de símbolos (opcional)*

Elementos textuais:
— *Introdução*
— *Desenvolvimento*
— *Conclusão*

Elementos pós-textuais:
— *Referências (obrigatório)*
— *Apêndice (opcional)*
— *Anexo (opcional)*
— *Glossário (opcional)*

5.3 Elementos Obrigatórios

A fim de facilitar a montagem do relatório seguem descritos a seguir os elementos obrigatórios; com eles, o relato é considerado completo. Nos trabalhos em que o autor queira incluir alguns dos opcionais (5.6), a ordem de colocação é a da Tabela 1 da Norma 14.724 que se encontra em 5.2.1.

Os elementos obrigatórios devem constar em toda apresentação de trabalhos acadêmicos e podem ser os únicos a fazer parte deles se a proposta da instituição assim o determinar. Entretanto, se uma parte dos elementos opcionais for incluída, a aprendizagem será ampliada e, certamente, com resultados benéficos para o estudante.

Pré-textuais:

- Capa – Depois dela, os elementos do trabalho aparecem sempre em uma nova folha
- Folha de rosto
- Folha de aprovação
- Resumo na língua vernácula
- Resumo em língua estrangeira
- Sumário

Textuais:

- Introdução – Dela deve constar o resumo das etapas constantes no projeto: delimitação do assunto tratado, tema, problema, objetivos, justificativa, fundamentação teórica, procedimentos metodológicos e estrutura do trabalho
- Desenvolvimento
- Conclusão

Pós-textuais:

- Referência

5.3.1 Elementos pré-textuais obrigatórios

São seis os elementos pré-textuais obrigatórios: capa, folha de rosto, folha de aprovação, resumo na língua vernácula, resumo em língua estrangeira e sumário.

5.3.1.1 CAPA

Modelo 1	Modelo 2
NOME DO AUTOR	**INSTITUIÇÃO** **CURSO** **NOME DO AUTOR**
TEMA **ou título**	**TEMA** **ou título**
Localidade **ANO**	**Localidade e Ano**

Os modelos 1 e 2 são os mais comuns e a escolha depende das instituições. Há as que permitem a opção dos alunos por um deles e outras determinam o que deve ser usado. O modelo 1 é o recomendado pelas Normas da ABNT.
O nome do autor deve aparecer com letras maiúsculas e em negrito. O tamanho da fonte deve ser 12.

Nas capas dos trabalhos de graduação ou pós-graduação em geral aparecem os temas. Dependendo do autor do trabalho e do professor-orientador, coloca-se, excepcionalmente, um título, porém, esse não tem a finalidade de chamar a atenção de leitores, como acontece com livros. A localização do tema é no centro da capa. As letras devem ser em maiúsculas e negrito. O tamanho da fonte não deve ultrapassar 12. O ano deve vir na parte inferior e à sua esquerda consta a localidade.

5.3.1.2 FOLHA DE ROSTO

Modelo 3

NOME DO AUTOR

TEMA
ou título

Relatório exigido
....

Localidade
ANO

Modelo 4

INSTITUIÇÃO
CURSO

NOME DO AUTOR

Relatório exigido
....

Localidade e Ano

A folha de rosto tem o mesmo conteúdo da capa. Acrescenta-se, entretanto, o texto escrito com fonte menor — 10 (modelos 3 ou 4). Ao digitar é preferível usar a caixa de texto e localizá-lo logo abaixo do tema.

Sugestões:

Relatório exigido para finalização do Estágio Curricular Supervisionado, orientado pelo Prof. ...

Relatório do Estágio Curricular Supervisionado realizado na Empresa ... Orientado pelo Prof. ...

A folha de rosto segue as mesmas especificações da capa quanto ao tamanho do papel, da fonte e letras maiúsculas em negrito. É a única folha do trabalho que deve conter dados registrados no verso, os quais constam da ficha catalográfica, encontrada no Código de Catalogação Anglo-Americano — CCAA2.

5.3.1.3 FOLHA DE APROVAÇÃO

Modelo 5

INSTITUIÇÃO
CURSO

RELATÓRIO DE ESTÁGIO
AVALIAÇÃO

Aluno .... nº matr.................... .

Área ....

Disciplina..

Parecer.. .

....

Nota ou conceito..................... (.............................)

Assinaturas dos professores:

....

....

O modelo 5 é uma folha de aprovação que se apresenta logo depois da capa. É um documento comprovante da avaliação do aluno.

O parecer do professor ou professores, que orientaram o estágio, deverá constar dessa folha e também a nota ou conceito. É importante para o aluno esse parecer, no qual podem ser registrados os pontos positivos e os negativos para que sirvam de norteadores de outros trabalhos.

Há instituições que conservam os melhores trabalhos nas bibliotecas como modelo, visando estimular outros alunos quando de sua realização.

5.3.1.4 RESUMO EM LÍNGUA VERNÁCULA

É recomendado pela Norma 6.028 que o resumo deve constar de relatórios e teses com até 500 (quinhentas) palavras.

A Norma 14.724 considera obrigatório e "(...) *constitui-se em uma seqüência de frases concisas e objetivas, não de uma simples enumeração de tópicos*". Resume os pontos mais importantes de um texto. Logo abaixo dessa breve narração, fazer constar as **palavras-chave ou descritores**.

5.3.1.5 RESUMO EM LÍNGUA ESTRANGEIRA

É uma versão do resumo redigido na língua vernácula. O idioma deve servir para divulgação internacional. *Abstract, Résumé, Resumen,* respectivamente: em inglês, francês e castelhano são exemplos. As **palavras-chave ou descritores** devem apresentar-se na língua escolhida para tradução.

5.3.1.6 SUMÁRIO

A folha em que se insere o sumário vem em seguida às de dedicatória, agradecimentos e epígrafe (quando estas são presentes no relatório). Se não constarem, ele virá após a folha de rosto.

O sumário visa facilitar a busca do leitor, em determinado capítulo, parte ou assunto em que esteja interessado. Por exemplo: neste livro, o leitor quer saber o que se inclui no "apêndice". Procurando no sumário, ele encontrará o número da página na qual se encontra esse item.

As Normas Brasileiras, citadas anteriormente, indicam seu emprego em livros, relatórios, revistas, teses e outras publicações, que sem esse uso seriam de difícil manuseio. Nos trabalhos escolares, facilita não somente a leitura dos orientadores, como também de futuras consultas de outros interessados.

Embora apareça nas páginas iniciais, o sumário é a última etapa do trabalho. Durante sua elaboração, muitos itens podem ser substituídos ou modificados para melhorar denominações ou por mudanças ocasionais na numeração das páginas, o que é comum acontecer. Há necessidade de diversas revisões; a troca da denominação de um item pode, também, refletir em outros que deverão ser conferidos. A relação prévia desses itens deve ter como característica bastante flexibilidade e se destina a aperfeiçoar cada vez mais os trabalhos.

Quando se pretende dar início a um relatório, a seqüência de idéias e de assuntos com referência ao tema escolhido devem ser anotados; é o começo de registros importantes para o sumário e para a redação. São tópicos que se baseiam na coleta de dados, nas entrevistas, em todas as atividades do estágio e tornam possível selecionar o que irá constar no desenvolvimento do trabalho.

No diário de campo esses rascunhos ou anotações, se selecionados pela seqüência dos assuntos, concorrerão para completar uma parte ou capítulo. Mesmo que no relatório o desenvolvimento seja em um só corpo, organizar, aos poucos, essa seqüência é muito importante para a elaboração final do sumário. Dele constam todas as partes do trabalho, desde a introdução até a bibliografia; apêndices e anexos incluem-se, se houver.

5.4 Elementos Textuais

Os três elementos textuais — introdução, desenvolvimento e conclusão, parte central do relatório — são essenciais porque neles se narra e conclui o que foi realizado durante o estágio.

Nesta etapa do trabalho é que se compreende toda a importância de terem sido organizados o diário de campo e o portfólio. Neles se encontra todo o material necessário para uma redação completa.

5.4.1 Introdução

É a parte que antecede o corpo principal de uma obra escrita.

> *O significado desse vocábulo torna-se claro, quando percebemos que seu objetivo em um relatório, monografia, livro ou qualquer outro trabalho é apresentar ao leitor o assunto tratado. Quando bem elaborada, a introdução fará que ele se interesse e leia o texto que se segue. Embora apareça no início do relatório, deve ser escrita após o término da redação do trabalho.* (Bianchi et al., 2002:69)

A finalidade dessa parte do trabalho é descrever de modo claro e conciso o resultado da aplicação do projeto.

Nos cursos de mestrado, doutorado e outros, os itens constantes da elaboração do projeto podem aparecer na introdução, mas não constam como subtítulos; os orientadores preferem reuni-los em um só texto.

Na graduação, para facilitar a redação do estudante, eles podem aparecer indicados individualmente, dependendo de orientação.

Esses itens estão especificados no Capítulo 2 e de uma forma ou de outra se registram na introdução:

— Escolha e delimitação do tema.
— Problema.
— Justificativa.
— Objetivos.
— Revisão teórica.
— Procedimentos metodológicos.

Para redigir a introdução, é importante a revisão de todos eles, o que dará maior segurança. Ainda poderão constar da introdução especificações sobre amostragem e coleta de dados, para interessar o leitor sobre os esclarecimentos estatísticos existentes no texto principal.

É importante que haja um enfoque bem resumido da estrutura ou desenvolvimento do trabalho para que o leitor saiba como foi aplicado o projeto.

Se a redação for em partes ou capítulos, esclarecer abreviadamente seu conteúdo.

5.4.2 Desenvolvimento ou redação do relatório

O desenvolvimento compreende duas partes: a história da empresa, que o inicia, para que o estagiário se localize na fase atual da existência da organização, e a redação final que relatará o resultado das observações realizadas e que constam do diário de campo e do portfólio.

5.4.2.1 HISTÓRICO DA EMPRESA

É este um dos primeiros itens do projeto. No relatório, ele deve apresentar-se no início do desenvolvimento, para um primeiro contato do leitor com o local em que o estágio se concretizou.

Os dados colhidos podem ser os do projeto; contudo, a estada do estagiário na empresa dará oportunidade de conhecer outros detalhes, às vezes interessantes, que podem ser acrescentados aos anteriormente registrados.

5.4.2.2 REDAÇÃO FINAL

No desenvolvimento ou redação do corpo principal, o estudante, atento a todas as fases da aplicação do projeto e interessado em ser um bom profissional, percebe os resultados positivos que colheu dessa experiência. Os professores-orientadores podem verificar, nitidamente, quando os bons alunos se sentem vitoriosos com o resultado de seu esforço.

Em geral, a redação dessa parte (o relatório), que vem imediatamente após o histórico da empresa, é elaborada, na graduação, em um só corpo. Divide-se, então, em seções e subseções (ou títulos e subtítulos), seguindo os objetivos e etapas do projeto; precisam ainda ser observadas as modificações que ocorrerem durante sua aplicação.

Em monografias, é mais usual a redação ser dividida em partes ou capítulos; se for extensa, será mais interessante e facilitará a exposição de idéias. Nessa fase, que deve se iniciar e ocorrer paralelamente à aplicação do projeto, o estudante reúne e revê, sempre que necessário, o material acumulado no diário de campo e no portfólio, por assunto, dá uma denominação a cada parte ou capítulo e escolhe a seqüência que for mais interessante para dar nome a cada um deles. O mesmo cuidado deve ter quando redige em um só corpo: as seções e subseções devem ser previstas.

5.4.3 Conclusão ou considerações finais

O principal ponto das considerações finais é o tema, em torno do qual girou todo o projeto e, conseqüentemente, o relatório. Não há necessidade de estender-se muito nessa redação; o importante é a clareza e brevidade.

Nessa parte que encerra o relato, os fatos observados e o resultado da pesquisa, das entrevistas e de outros procedimentos demonstram a seriedade do trabalho desenvolvido e dão muito significado às conclusões a que chegou o autor.

Deverão também constar as lições aprendidas, ou seja, o aproveitamento no período de estágio, pela associação da teoria, das leituras e do aprendido em sala de aula à prática encontrada na organização.

5.5 Elemento Pós-textual Obrigatório

Entre os elementos pós-textuais, o único obrigatório é "referências". Este componente é parte importante e não pode faltar em trabalhos acadêmicos, como também nas publicações das editoras. Por meio dele o leitor ficará informado sobre outros enfoques existentes, úteis para trabalhos que pretenda consultar ou elaborar. Os demais — apêndice, anexo e glossário — estão entre os opcionais (Item 5.2.1).

5.5.1 Referências ou bibliografia

Há livros com bibliografia. Nela se incluem as publicações que se reportam ao tema do relatório, mesmo que não se faça menção a elas no texto.

As referências aparecem obrigatoriamente e são as publicações utilizadas para citações ou paráfrases.

Em resumo: há autores que preferem colocar nesta parte somente as leituras utilizadas no trabalho e então o título será **Referências**. Se todas as obras que conhecer, mesmo as não utilizadas, forem incluídas nesta, o título será denominado **Bibliografia**.

As normas da Associação Brasileira de Normas Técnicas deverão ser seguidas. Para esta parte existe a NBR6.023 de agosto de 2000.

5.6 Elementos Opcionais

De acordo com a Norma 14.724, os elementos opcionais são dez.

- Elementos opcionais pré-textuais:
  - Errata
  - Dedicatória
  - Agradecimentos
  - Epígrafe
  - Lista de ilustrações
  - Lista de abreviaturas
  - Lista de símbolos

- Elementos opcionais pós-textuais:
  - Apêndice
  - Anexo
  - Glossário

5.6.1 Elementos opcionais pré-textuais

Apresentam-se nas páginas iniciais do relatório, em folhas exclusivas, anteriores àquelas em que se encontra a redação final.

Errata, dedicatória, agradecimentos, epígrafe e listas de ilustrações, abreviaturas e símbolos são, portanto, os sete opcionais pré-textuais. Destes os alunos geralmente dão preferência para os agradecimentos e a dedicatória.

Um trabalho de graduação no qual se apresentem os elementos obrigatórios é considerado concluído, o que não impede que dele constem os opcionais; quanto mais completo, melhor estará evidenciado o resultado da aprendizagem.

Neste livro — dedicado em especial aos alunos de secretariado, em cuja profissão é normal elaborar e executar projetos e também essencial saber redigir relatórios — foram relacionados os elementos opcionais não-obrigatórios, para que haja opção de escolha e por ser importante para o estudante conhecê-los e empregá-los corretamente.

Essa decisão fica a critério dos alunos, autores de relatórios de estágios, monografias, trabalhos científicos ou de conclusão de cursos.

5.6.1.1 ERRATA

Lista de folhas e linhas nas quais se encontram erros percebidos pelo autor após a edição da obra e nelas registram-se as correções.

Como esses erros são constatados posteriormente, apresentam-se em papel avulso, em encarte colocado logo após a folha de rosto. Exemplo constante na ABNT 14.724:

Errata

Folha	*Linha*	*Onde se lê*	*Leia-se*
32	*3*	*publiacao*	*publicação*

5.6.1.2 DEDICATÓRIA E AGRADECIMENTO

É comum a página destinada à dedicatória e que vem depois da folha de rosto ter características emocionais. Ela não é obrigatória, mas às vezes o aluno, autor do relatório ou monografia, sente-se gratificado por conseguir encerrar com sucesso seu trabalho e quer dedicá-lo a alguém que o auxiliou ou que estima, mesmo que este último não tenha participação direta nesse trabalho.

A dedicatória, por menor que seja, ocupa uma face da folha e pode ser romântica, mas evite dedicar sua tese a um número exagerado de pessoas (Vieira, 1996: 62).

Os agradecimentos também não são obrigatórios, mas normalmente aparecem. Pelo dever cumprido, muitos estudantes sentem necessidade de agradecer e é normal que assim procedam.

Os agradecimentos aparecem na folha que se segue à dedicatória e diferem desta pelo fato de neles constarem referências a pessoas que direta ou indiretamente concorreram para que o relatório fosse elaborado. É importante a orientação dos professores, para que o excesso de emoção não prejudique essa parte do trabalho.

Devem ser muito bem dirigidos para evitar que deixem de constar pessoas que, às vezes, com estímulo e apoio, concorreram para que o trabalho se concretizasse.

Dedicatória e agradecimentos somente *"... devem constar do relatório quando houver motivo justificável e não forem muito numerosos evitando a ocorrência de falhas"* (Bianchi et al., 2002:68). Embora não haja obrigatoriedade, eles dão elegância e demonstram humildade e reconhecimento por parte do acadêmico.

5.6.1.3 EPÍGRAFE

É uma citação curta colocada em uma página e vem depois dos agradecimentos, com indicação de autoria. Pode aparecer também no início de partes ou capítulos.

5.6.1.4 LISTA DE ILUSTRAÇÕES

De acordo com a Norma 14.724, os textos podem ser complementados com: quadros, lâminas, plantas, fotografias, gráficos, organogramas, fluxogramas, esquemas, desenhos e outros. Essas figuras, de qualquer natureza, são denominadas ilustrações.

A lista deve ser apresentada seguindo a ordem em que as ilustrações aparecem no texto. Cada item é acompanhado do respectivo número da página. É recomendada por essa norma a elaboração de uma listagem para cada tipo de ilustração.

Todavia, destacamos aqui as tabelas e gráficos, elementos da lista de ilustrações que, mesmo sendo opcionais, evidenciam-se nos trabalhos apresentados nos estágios. Por essa razão, aconselha-se que esse conhecimento, cuja aprendizagem é importante para o estudante, se concretize pela sua previsão nos projetos e se apresente com evidência nos relatórios.

A lista que os identifica pode ser localizada logo após o sumário. O importante e necessário é a indicação das páginas em que se encontram para facilitar a localização.

Para o Curso de Secretariado Executivo, a disciplina Estatística aparece entre as básicas. É primordial compreender, entre outros, o significado de tabelas e gráficos, que fazem parte de seu conteúdo, quando aparecem ilustrando relatos de pesquisas e também para que o futuro profissional tenha a capacidade de aplicar esse conhecimento em trabalhos comuns a essa profissão.

O aluno pode e deve consultar seus professores ao aplicar a estatística em seus trabalhos, visando enriquecê-los e torná-los de mais claro entendimento.

Neste livro, devido à importância de sua aplicação, foi dedicado um capítulo a esses ensinamentos.

5.6.1.5 LISTA DE ABREVIATURAS E SIGLAS

As siglas são letras iniciais usadas para designar palavras de uso freqüente. As abreviaturas são a representação escrita de palavras sem algumas letras que as compõem. São comumente usadas em trabalhos científicos.

Exemplo de siglas:
- ABNT — Associação Brasileira de Normas Técnicas
- ACSA — Área de Ciências Sociais Aplicadas
- Angrasec — Associação Nacional de Graduação em Secretariado Executivo

Exemplos de abreviaturas:
- a.C. — antes de Cristo
- d.C. — depois de Cristo
- ex. — exemplo
- jan. — janeiro

São colocadas em listas quando forem utilizadas no texto. As palavras ou expressões correspondentes devem vir grafadas em seguida.

As listas devem ser organizadas em ordem alfabética.

5.6.1.6 LISTA DE SÍMBOLOS

Na acepção mais simples, símbolo é um objeto material ou aquilo que representa ou substitui alguma coisa. Entre outros significados, pode ser um elemento gráfico ou um objeto que represente uma forma convencional importante.

Exemplo:

- Bandeira: símbolo da pátria
- Balança: símbolo da justiça

- Uma pena sobre um livro aberto: símbolo do secretariado e representa sua história desde a época dos escribas

A relação deve apresentar-se na ordem em que os símbolos aparecem no texto.

5.6.2 Elementos opcionais pós-textuais

Apêndice, anexo e glossário são os opcionais que vêm depois da bibliografia ou referências.

Nos trabalhos de graduação, dificilmente aparecem, dependendo de orientação recebida ou de instrução das instituições. É mais freqüente sua inclusão nas produções posteriores a esse nível de ensino.

5.6.2.1 APÊNDICES

Não são obrigatórios. Eles aparecem se houver necessidade de complementar alguma parte do texto e são documentos elaborados pelo autor, que se fossem inseridos no desenvolvimento prejudicariam a seqüência das idéias. Podem ser incluídos nos trabalhos acadêmicos e são localizados depois da bibliografia.

5.6.2.2 ANEXOS

Também podem apresentar-se caso o autor queira complementar o texto com documentos elaborados por outros autores e são colocados depois do apêndice.

5.6.2.3 GLOSSÁRIO

É um vocabulário que aparece ao final de uma obra para esclarecer, explicar ou fazer conhecer o significado de palavras e expressões regionais ou pouco usadas. É comum naquelas em que o autor tem expectativa de muitas consultas e sente necessidade de esclarecer termos por ele utilizados, os quais supõe não sejam usuais para esses leitores.

Consiste essa parte de uma lista, em ordem alfabética, com as definições das palavras que dela constem.

5.7 Capa de Fundo e Encadernação

Ao encadernar o relatório, o estudante poderá optar pela colocação da capa de fundo. É uma folha em branco que completa o trabalho, dando-lhe um melhor acabamento. Aparece tanto no relatório apresentado com acabamento em espiral ou em encadernação com capa dura.

5.8 Observações Finais

As atividades inerentes à disciplina Estágio Curricular Supervisionado em cursos de bacharelado aqui propostas foram, por cerca de uma década, aplicadas em nossa atividade na universidade e o resultado foi compensador. Projeto e relatório com todas as etapas percorridas com sucesso certamente trazem segurança e facilidade para a elaboração de trabalhos nos níveis mais avançados de estudos.

Nesses anos, percebemos o quanto é importante o aluno conhecer a legislação pertinente à profissão escolhida e posteriormente compreender que é imprescindível segui-las. Necessita também estar atento a elas, pois são atualizadas na medida em que surgem inovações que as tornam superadas, ou para acompanhar as exigências do mercado de trabalho.

Assim como acontece com as leis, as normas para elaboração de trabalhos e publicações têm de ser atualizadas.

A ABNT vem revendo e renovando suas normas. As que se referem à documentação são modernizadas e é preciso segui-las para que, na apresentação, os trabalhos acadêmicos tenham padronização e também para que sejam evitadas contradições desnecessárias.

Ademais, para os que atuam e para os alunos que atuarão no secretariado executivo saber planejar, participar, relatar, redigir, estudar a legislação referente à sua área, conhecer e utilizar as normas de documentação resultará em sucesso para essa futura atividade especializada.

Portanto, o melhor caminho a ser percorrido pelos estudos para atingir os objetivos previstos para os cursos é a aprendizagem, que busca a integração escola e profissão, unindo teoria e prática.

BIBLIOGRAFIA

ANDRADE, M. M. **Como preparar trabalhos para cursos de pós-graduação**: noções práticas. São Paulo: Atlas, 1995.

ANDRADE, J. V. **Fundamentos e dimensões**. 6. ed. São Paulo: Ática, 2000.

ANGELINI, F.; MILONE, G. **Estatística geral**. São Paulo: Atlas, VI, 1993.

ASSOCIAÇÃO BRASILEIRA DE NORMAS TÉCNICAS. **NBR 6.023** referências bibliográficas. Rio de Janeiro, 2000.

ASSOCIAÇÃO BRASILEIRA DE NORMAS TÉCNICAS. **NBR 14.724** informação e documentação — trabalhos acadêmicos — apresentação. Rio de Janeiro, 2002.

ASSOCIAÇÃO BRASILEIRA DE NORMAS TÉCNICAS. Diretiva Nacional Parte 3 das Diretivas ISO/IEC, 1989. Redação e apresentação de Normas Brasileiras, 1995.

BERHOEF, R. **Administração de vida pessoal e profissional**. São Paulo: Nobel, 1990.

BIANCHI, A. C. M.; ALVARENGA, M.; BIANCHI, R. **Manual de orientação**: estágio supervisionado. São Paulo: Pioneira, 1998.

BIANCHI, A. C. M.; ALVARENGA, M.; BIANCHI, R. **Orientação para estágio em Turismo:** trabalhos, projetos e monografias. São Paulo: Thomson Learning, 2002.

BRASIL. Lei nº 6.494 de 7 de dezembro de 1977. Artigos 1º ao 8º. Dispõe sobre estágio de estudantes de estabelecimentos de ensino superior e de ensino profissionalizante do 2º Grau e Supletivo e dá outras providências, dezembro 1977.

__________. Decreto 87.497 de 18 de agosto de 1982. Regulamenta a Lei 6.494. Artigos 1º ao 12, agosto 1982.

__________. Lei nº 7.377 de 30 de setembro de 1985. Dispõe sobre o exercício da profissão de secretário e dá outras providências. Arts. 1º ao 8º.

__________. Lei nº 9.261 de 10 de janeiro de 1996. Altera a redação dos incisos I e II do Art. 2º, o caput do Art. 3º, o inciso VI do Art. 4º e o parágrafo único do Art. 6º da Lei nº 7.377 de 30 de setembro de 1985. Art. 1º ao 3º.

__________. Código de Ética. Publicado no Diário Oficial de 7 de julho de 1989.

__________. **Publicação**: Escola/Empresa a qualificação pelo Estágio. MEC/DAU. Brasília, 1979.

__________. **Propostas de diretrizes curriculares**. MEC, Secretariado Executivo. Disponível em <http//www.mec.gov.br> Acesso em 10 de agosto de 2001 e 25 de março de 2002.

__________. **Introdução aos parâmetros curriculares nacionais**. Vol. 1. MEC/SEF. Brasília, 1997, 126 p.

__________. Ministério do Trabalho. Portaria nº 3.103, de 29 de abril de 1987. "Secretárias" Enquadramento sindical.

BURIOLLA, M. A. F. **O estágio supervisionado**. São Paulo: Cortez, 1995.

CARRAHER, D. W. **Senso crítico:** do dia-a-dia às Ciências Humanas. Pioneira: 1995.

CARVALHO, A. P.; GRISSON, D. (orgs.) **Manual do secretariado executivo**. São Paulo: D'Livros, 1998.

CHAUÍ, M. **Convite à filosofia**. São Paulo: Ática, 1994.

CUNHA, A. G. **Dicionário Etimológico Nova Fronteira**: da língua portuguesa. 2. ed. Rio de Janeiro: Nova Fronteira, 1996.

DEJOURS, C. **Estudo de Psicopatologia do Trabalho**. 5. ed. São Paulo: Cortez/Oboré, 1992.

DELORS, J. **Educação:** um tesouro a descobrir. São Paulo: Cortez, 1998.

ENCONTRO NACIONAL DE PROFESSORES DE DIDÁTICA. Brasília: Universidade de Brasília, 1972.

ENCONTRO NACIONAL DE AVALIAÇÃO DO ESTÁGIO SUPERVISIONADO DO CURSO DE ADMINISTRAÇÃO. Conselho Federal de Administração SESU/MEC. 11 a 13 dezembro. Natal. **Anais** Natal: UFRJ, 1996.

FEDERAÇÃO NACIONAL DOS PROFISSIONAIS DE SECRETARIADO – Fenassec. Secretária on-line www. fenassec.com.br. Acesso em 30 de março de 2002.

FREUND, J. E.; SIMON, G. A . **Estatística aplicada**: economia, administração, contabilidade. 9. ed. Porto Alegre: Bookman, 2000.

GALLIANO, A. G. **O método científico**: teoria e prática. São Paulo: Harbra, 1986.

GRION, L. **Cem erros que um executivo comete ao redigir**. São Paulo: Edicta, 1997.

GUIMARÃES, E. G. **O livro azul da secretária moderna**. 19. ed. São Paulo: Érica, 1999.

HANDY, C. et. al. **Repensando o futuro**. São Paulo: Makron *Books*, 1998.

KASPARY, A. J. **Correspondência empresarial**. 5. ed. Porto Alegre: Edita, 1990.

KOOGAN, A; HOUAISS, A. [(Ed.e)] **Enciclopédia e dicionário digital 98**. Direção geral de Andre Koogan Breikmam. São Paulo: Delta Estadão, 1998. 5 CD-ROM. Produzida por Videolar Multimídia.

LINKEMER, B. **Secretária eficiente**. São Paulo: Nobel, 1999.

MEDEIROS, J. B. **Redação científica**: a prática de fichamentos, resumos, resenhas. 2. ed. São Paulo: Atlas, 1996.

MEDEIROS, J. B.; Hernandes, S. **Manual da secretária**. 7. ed. São Paulo: Atlas, 1999.

MEGALE, J. F. **Introdução às Ciências Sociais**: roteiro de estudos. São Paulo: Atlas, 1989.

MENEGOLLA, M.; SANT'ANNA, I. M. **Por que planejar? Como planejar?** 10. ed. Petrópolis: Vozes, 2001.

MOORE, D. **A Estatística básica e sua prática**. Rio de Janeiro: Livros Técnicos e Científicos, 2000.

NEVES, S. N. **Dicionário de expressões latinas usuais**. Rio de Janeiro: Civilização Brasileira, 1996.

NORMAS. DOC. Normas para apresentação de trabalhos. Universidade Federal do Paraná. Biblioteca Central. 5. ed. Curitiba: Ed. da UFPR, 1985, 8V., il.

OLIVEIRA, S. L. **Tratado de metodologia científica**. São Paulo: Pioneira, 1997.

OLIVEIRA, J. T. **A fascinante história do livro**. Rio de Janeiro: Cátedra, 1984.

PÁDUA, E.; MATALLO, M. **Metodologia da pesquisa**: abordagem teórico-prática. Campinas, SP: Papirus SP, 1996.

REVISTA SECRETÁRIA EXECUTIVA. Ano 6, nº 67. Curitiba: Edit Quantum, maio de 2001.

ROESCH, S. M. A.; BECKER, G.; MELLO, M. I. **Projetos de estágio do curso de administração**: guia para pesquisas, projetos, estágios e trabalhos de conclusão de curso. São Paulo: Atlas, 1996.

ROSSETTI, F. **Universidade deve ensinar habilidade social**. São Paulo: *Folha de S.Paulo*, 7 outubro, 1998.

RUDIO, F. V. **Introdução ao projeto de pesquisa científica**. 10. ed. Petrópolis: Vozes, RJ, 1985.

SALOMON, D. V. **Como fazer uma monografia**. 4. ed. São Paulo: Martins Fontes, 1996.

SEVERINO, A. J. **Metodologia do trabalho científico**. 20. ed. São Paulo: Cortez, 1996.

SILVA, E. M. et. al. **Estatística**: para os cursos de economia, administração, ciências contábeis. São Paulo: Atlas, 1995.

TOLEDO, G. L.; OVALLE, I. I. **Estatística básica**. 2. ed. São Paulo: Atlas, 1982.

UNIVERSIDADE FEDERAL DE SANTA CATARINA — UFSC. Departamento de Ciências da Administração. **Diretrizes para a elaboração e redação do projeto de estágios**. Florianópolis: apostila, 1989.

_______. Diretrizes para elaboração e redação do trabalho de conclusão de estágio. Florianópolis: apostila, 1989.

UNIVERSIDADE FEDERAL DO RIO GRANDE DO SUL — UFRGS. **A escrita**: escribas e pensadores. Porto Alegre. www.nmead.ufrgs.br. Acesso em 21 de março de 2002.

VIEIRA, S. **Como escrever uma tese**. 3. ed. São Paulo: Pioneira, 1996.

ANEXOS

1. LEI 7.377 DE 30 DE SETEMBRO DE 1985 e
   LEI 9.261 DE 10 DE JANEIRO DE 1996
   LEIS 7.377 e 9.261 CONJUGADAS

2. CÓDIGO DE ÉTICA

3. UNESCO – PISTAS E RECOMENDAÇÕES

4. UNESCO – APRENDER NA EMPRESA E NA ESCOLA: A FORMAÇÃO EM ALTERNÂNCIA NA ALEMANHA

ANEXO 1

A profissão de Secretário Executivo é regulamentada pela Lei nº 7.377 de 30 de setembro de 1985, complementada pela Lei nº 9.261 de 10 de janeiro de 1996 e neste anexo encontram-se em seu original.

Essas leis unificadas foram divulgadas em uma página do site da FENASSEC — Leis de regulamentação da profissão. Apresentam-se, assim combinadas, neste anexo.

LEI Nº 7.377 DE 30/9/85

Dispõe sobre o exercício da profissão de Secretário e dá outras providências

O Presidente da República

Faço saber que o Congresso Nacional decreta e eu sanciono a seguinte Lei:

Art. 1º O exercício da profissão de Secretário é regulada pela presente Lei.

Art. 2º Para os efeitos desta Lei é considerado:

I — Secretário Executivo o profissional diplomado no Brasil por curso superior de Secretariado, reconhecido na forma da Lei, ou diplomado no exterior por curso superior de secretariado, cujo diploma seja revalidado no Brasil, na forma da Lei;

II — Técnico em Secretariado o profissional portador de certificado de conclusão de curso de secretariado, em nível de 2º grau.

Art. 3º Fica assegurado o direito ao exercício da profissão aos que, embora não habilitados nos termos do artigo anterior contem, pelo menos, 5 (cinco) anos ininterruptos, ou 10 (dez) intercalados de exercício em atividades próprias de secretária, na data de início de vigência desta Lei, e sejam portadores de diplomas ou certificados de alguma graduação de nível superior ou de nível médio.

Art. 4º São atribuições do Secretário Executivo:

I — planejamento, organização e direção de serviços de secretaria;
II — assistência e assessoramento direto a executivos;
III — coleta de informações para a consecução de objetivos e metas de empresas;
IV — redação de textos profissionais especializados, inclusive em idioma estrangeiro;
V — interpretação e sintetização de textos e documentos;
VI — taquigrafia de ditados, discursos, conferências, palestras de explanações, inclusive em idioma estrangeiro;
VII — versão e tradução em idioma estrangeiro, para atender às necessidades de comunicação da empresa;
VIII — registro e distribuição de expedientes e outras tarefas correlatas;
IX — orientação da avaliação e seleção de correspondência para fins de encaminhamento à chefia;
X — conhecimentos protocolares.

Art. 5º São atribuições do Técnico em Secretariado:

I — organização e manutenção dos arquivos de Secretaria;
II — classificação, registro e distribuição da correspondência;
III — redação e datilografia de correspondência ou documentos de rotina, inclusive em idioma estrangeiro;
IV — execução de serviços típicos de escritório, tais como recepção, registro de compromissos, informações e atendimento telefônico.

Art. 6º O exercício da profissão de Secretário requer prévio registro na Delegacia Regional do Trabalho do Ministério do Trabalho e far-se-á mediante a apresentação de documento comprobatório de conclusão dos cursos previstos nos incisos I e II do art. 2º desta Lei e da Carteira de Trabalho e Previdência Social — CTPS.

Parágrafo único. No caso dos profissionais incluídos no art. 3º desta Lei, a prova de atuação será feita por meio das anotações da Carteira de Trabalho e Previdência Social ou por qualquer outro meio permitido em Direito.

Art. 7º Esta Lei entra em vigor na data de sua publicação.

Art. 8º Revogam-se as disposições em contrário.
Brasília, em 30 de setembro de 1985; 164º da Independência e 97º da República.
JOSÉ SARNEY
Almir Pazzianotto
D.O.U. de 1º/10/85 — Seção 1 — p. 13.314

Documenta (299) Brasília, nov. 1985 p. 179.

Lei Nº 9.261, DE 10 DE JANEIRO DE 1996.

Altera a redação dos incisos I e II do Art. 2º e o *caput* do art. 3º, o inciso VI do art. 4º e o parágrafo único do art. 6º da Lei nº 7.377, de 30 de setembro de 1985.

O PRESIDENTE DA REPÚBLICA

Faço saber que o Congresso Nacional decreta e eu sanciono a seguinte Lei:

Art. 1º A Lei nº 7. 377, de 30 de setembro de 1985, passa a vigorar com a seguinte redação para os incisos I e II do art. 2º, para o art. 3º, para o inciso VI do art. 4º e para o parágrafo único do art. 6º:
"Art. 2º ....

I — Secretariado Executivo:

a) o profissional diplomado no Brasil por curso superior de Secretariado, legalmente reconhecido, ou diplomado no exterior por curso superior de Secretariado, cujo diploma seja revalidado na forma da lei;

b) portador de qualquer diploma de nível superior que, na data de início da vigência desta Lei, houver comprovado, através de declarações de empregadores, o exercício efetivo, durante pelo menos trinta e seis meses, das atribuições mencionadas no art. 4º desta Lei;

II — Técnico em Secretariado:

a) o profissional portador de certificado de conclusão de curso de Secretariado em nível de 2º grau;

b) o portador de certificado de conclusão do 2º grau que, na data da vigência desta Lei, houver comprovado, através de declarações de empregadores, o exercício efetivo, durante pelo menos trinta e seis meses, das atribuições mencionadas no art. 5º desta Lei.

Art. 3º É assegurado o direito ao exercício da profissão aos que, embora não habilitados nos termos do artigo anterior, contem com pelo menos cinco anos ininterruptos ou dez anos intercalados de exercício de atividades próprias de secretaria, na data da vigência desta Lei.

Art. 4º . . . .

. . . .

VI — (VETADO)

. . . .

Art. 6º . . . .

Parágrafo único. No caso dos profissionais incluídos no art. 3º, a prova da atuação será feita por meio de anotações na Carteira de Trabalho e Previdência Social e através de declarações das empresas nas quais os profissionais tenham desenvolvido suas respectivas atividades, discriminando as atribuições a serem confrontadas com os elencos especificados nos arts. 4º e 5º."

Art. 2º Esta Lei entra em vigor na data de sua publicação.

Art. 3º Revogam-se as disposições em contrário.

Brasília, 10 de janeiro de 1996; 175º da Independência e 108º da República.

FERNANDO HENRIQUE CARDOSO
Paulo Paiva
Publicada no D.O.U. de 11 de janeiro de 1996.

Leis reunidas em um só texto

Lei 7377, de 30/09/85 e Lei 9261, de 10/01/96

Dispõe sobre o exercício da profissão de secretário e dá outras providências

O Presidente da República.

Faço saber que o Congresso Nacional decreta e eu sanciono a seguinte Lei:

Art. 1º O exercício da profissão de secretário é regulado pela presente Lei.

Art. 2º Para os efeitos desta Lei, é considerado:

I — Secretário Executivo
a) o profissional diplomado no Brasil por curso superior de Secretariado, reconhecido na forma de Lei, ou diplomado no exterior por cur-

so de Secretariado, cujo diploma seja revalidado no Brasil, na forma de Lei.*

b) o portador de qualquer diploma de nível superior que, na data de vigência desta Lei, houver comprovado, através de declarações de empregadores, o exercício efetivo, durante pelo menos trinta e seis meses, das atribuições mencionadas no Art. 4º desta Lei*.

II — Técnico em Secretariado

a) o profissional portador de certificado de conclusão de curso de Secretariado em nível de 2º grau.*

b) portador de certificado de conclusão do 2º grau que, na data de início da vigência desta Lei, houver comprovado, através de declarações de empregadores, o exercício efetivo, durante pelo menos trinta e seis meses, das atribuições mencionadas no Art. 5º desta Lei.*

Art. 3º É assegurado o direito ao exercício da profissão aos que, embora não habilitados nos termos do artigo anterior, contem pelo menos cinco anos ininterruptos ou dez anos intercalados de exercício de atividades próprias de secretaria na data de vigência desta Lei.

Art. 4º São atribuições do Secretário Executivo:

I — planejamento, organização e direção de serviços de secretaria;

II — assistência e assessoramento direto a executivos;

III — coleta de informações para a consecução de objetivos e metas de empresas;

IV — redação de textos profissionais especializados, inclusive em idioma estrangeiro;

V — interpretação e sintetização de textos e documentos;

VI — taquigrafia de ditados, discursos, conferências, palestras de explanações, inclusive em idioma estrangeiro;

VII — versão e tradução em idioma estrangeiro, para atender às necessidades de comunicação da empresa;

VIII — registro e distribuição de expediente e outras tarefas correlatas;

IX — orientação da avaliação e seleção da correspondência para fins de encaminhamento à chefia;

X — conhecimentos protocolares.

Art. 5º São atribuições do Técnico em Secretariado:

I — organização e manutenção dos arquivos da secretaria;

II — classificação, registro e distribuição de correspondência;

III — redação e datilografia de correspondência ou documentos de rotina, inclusive em idioma estrangeiro;

IV — execução de serviços típicos de escritório, tais como recepção, registro de compromissos, informações e atendimento telefônico.

Art. 6º O exercício da profissão de Secretário requer prévio registro na Delegacia Regional do Trabalho do Ministério do Trabalho e far-se-á mediante a apresentação de documento comprobatório de conclusão dos cursos previstos nos incisos I e II do Art. 2º desta Lei e da Carteira de Trabalho e Previdência Social — CTPS.

Parágrafo Único — *No caso dos profissionais incluídos no Art.3º, a prova da atuação será feita por meio de anotações na Carteira de Trabalho e Previdência Social e através de declarações das empresas nas quais os profissionais tenham desenvolvido suas respectivas atividades, discriminando as atribuições a serem confrontadas com os elencos especificados nos Arts.4º e 5º*.*

Art. 7º Esta Lei entra em vigor na data de sua publicação.

Art. 8º Revogam-se as disposições em contrário.

José Sarney — *Almir Pazzianotto*
Fernando Henrique Cardoso — *Paulo Paiva*

* Os itens em itálico e assinalados com * ao seu final são os que alteraram a Lei nº 7.377 de 30 de setembro de 1985 e constam da Lei nº 9.261 de 10 de janeiro de 1996, publicada no Diário Oficial da União de 11 de janeiro de 1996.

ANEXO 2

CÓDIGO DE ÉTICA

Publicado no Diário Oficial da União de 7 de julho de 1989.

Capítulo I
Dos Princípios Fundamentais

Art. 1º — Considera-se Secretário ou Secretária, com direito ao exercício da profissão, a pessoa legalmente credenciada nos termos da lei em vigor.

Art. 2º — O presente Código de Ética Profissional tem por objetivo fixar normas de procedimentos dos Profissionais quando no exercício de sua profissão, regulando-lhes as relações com a própria categoria, com os poderes públicos e com a sociedade.

Art. 3º — Cabe ao profissional zelar pelo prestígio e responsabilidade de sua profissão, tratando-a sempre como um dos bens mais nobres, contribuindo, através do exemplo de seus atos, para elevar a categoria, obedecendo aos preceitos morais e legais.

Capítulo II
Dos Direitos

Art. 4º — Constituem-se direitos dos Secretários e Secretárias: a) garantir e defender as atribuições estabelecidas na Lei de Regulamentação; b) participar de entidades representativas da categoria; c) participar de atividades públicas ou não, que visem defender os direitos da categoria; d) defender a integridade moral e social da profissão, denunciando às entidades da categoria qualquer tipo de alusão desmoralizadora; e) receber remuneração equiparada à dos profissionais de seu nível de escolaridade; f) ter acesso a cursos de treinamento e a outros Eventos/Cursos cuja finalidade seja o aprimoramento profissional; g) jornada de trabalho compatível com a legislação trabalhista em vigor.

Capítulo III
Dos Deveres Fundamentais

Art. 5º — Constituem-se deveres fundamentais das Secretárias e Secretários: a) considerar a profissão como um fim para a realização profissional; b) direcionar seu comportamento profissional, sempre a bem da verdade, da moral e da ética; c) respeitar sua profissão e exercer suas atividades, sempre procurando aperfeiçoamento; d) operacionalizar e canalizar adequadamente o processo de comunicação com o público; e) ser positivo em seus pronunciamentos e tomadas de decisões, sabendo colocar e expressar suas atividades; f) procurar informar-se de todos os assuntos a respeito de sua profissão e dos avanços tecnológicos, que poderão facilitar o desempenho de suas atividades; g) lutar pelo progresso da profissão; h) combater o exercício ilegal da profissão; i) colaborar com as instituições que ministram cursos específicos, oferecendo-lhes subsídios e orientações.

Capítulo IV
Do Sigilo Profissional

Art. 6º — A Secretária e o Secretário, no exercício de sua profissão, deve guardar absoluto sigilo sobre assuntos e documentos que lhe são confiados.

Art. 7º — É vedado ao Profissional assinar documentos que possam resultar no comprometimento da dignidade profissional da categoria.

Capítulo V
Das Relações entre Profissionais Secretários

Art. 8º — Compete às Secretárias e Secretários: a) manter entre si a solidariedade e o intercâmbio, como forma de fortalecimento da categoria; b) estabelecer e manter um clima profissional cortês, no ambiente de trabalho, não alimentando discórdia e desentendimento profissionais; c) respeitar a capacidade e as limitações individuais, sem preconceito de cor, religião, cunho político ou posição social; d) estabelecer um clima de respeito à hierarquia com liderança e competência.

Art. 9º — É vedado aos profissionais: a) usar de amizades, posição e influências obtidas no exercício de sua função, para conseguir qualquer tipo de favoritismo pessoal ou facilidades, em detrimento de outros profissionais; b) prejudicar deliberadamente a reputação profissional de outro secretário; c) ser, em função de seu espírito de solidariedade, conivente com erro, contravenção penal ou infração a este Código de Ética.

Capítulo VI
Das Relações com a Empresa

Art. 10º — Compete ao Profissional, no pleno exercício de suas atividades: a) identificar-se com a filosofia empresarial, sendo um agente facilitador e colaborador na implantação de mudanças administrativas e políticas; b) agir como elemento facilitador das relações interpessoais na sua área de atuação; c) atuar como figura-chave no fluxo de informações desenvolvendo e mantendo de forma dinâmica e contínua os sistemas de comunicação.

Art. 11º — É vedado aos Profissionais: a) utilizar-se da proximidade com o superior imediato para obter favores pessoais ou estabelecer uma rotina de trabalho diferenciada em relação aos demais; b) prejudicar deliberadamente outros profissionais, no ambiente de trabalho.

Capítulo VII
Das Relações com as Entidades da Categoria

Art. 12º — A Secretária e o Secretário devem participar ativamente de suas entidades representativas, colaborando e apoiando os movimentos que tenham por finalidade defender os direitos profissionais.

Art. 13º — Acatar as resoluções aprovadas pelas entidades de classe.

Art. 14º — Quando no desempenho de qualquer cargo diretivo, em entidades da categoria, não se utilizar dessa posição em proveito próprio.

Art. 15º — Participar dos movimentos sociais e/ou estudos que se relacionem com o seu campo de atividade profissional.

Art. 16º — As Secretárias e Secretários deverão cumprir suas obrigações, tais como mensalidades e taxas, legalmente estabelecidas, junto às entidades de classes a que pertencem.

Capítulo VIII
Da Obediência, Aplicação e Vigência do Código de Ética

Art. 17º — Cumprir e fazer cumprir este Código é dever de todo Secretário.

Art. 18º — Cabe aos Secretários docentes informar, esclarecer e orientar os estudantes, quanto aos princípios e normas contidas neste Código.

Art. 19º — As infrações deste Código de Ética Profissional acarretarão penalidades, desde a advertência à cassação do Registro Profissional na forma dos dispositivos legais e/ou regimentais, através da Federação Nacional das Secretárias e Secretários.

Art. 20º — Constituem infrações: a) transgredir preceitos deste Código; b) exercer a profissão sem que esteja devidamente habilitado nos termos da legislação específica; c) utilizar o nome da Categoria Profissional das Secretárias e/ou Secretários para quaisquer fins, sem o endosso dos Sindicatos de Classe, em nível Estadual e da Federação Nacional nas localidades inorganizadas em Sindicatos e/ou em nível Nacional.

ANEXO 3

PISTAS E RECOMENDAÇÕES

- A educação ao longo de toda vida baseia-se em quatro pilares: aprender a conhecer, aprender a fazer, aprender a viver juntos, aprender a ser.
- *Aprender a conhecer,* combinando uma cultura geral, suficientemente vasta, com a possibilidade de trabalhar em profundidade um pequeno número de matérias. O que também significa: aprender a aprender, para beneficiar-se das oportunidades oferecidas pela educação ao longo de toda a vida.
- *Aprender a fazer,* a fim de adquirir, não somente uma qualificação profissional mas, de uma maneira mais ampla, competências que tornem a pessoa apta a enfrentar numerosas situações e a trabalhar em equipe. Mas também aprender a fazer, no âmbito das diversas experiências sociais ou de trabalho que se oferecem aos jovens e adolescentes, quer espontaneamente, fruto do contexto local ou nacional, quer formalmente, graças ao desenvolvimento do ensino alternado com o trabalho.
- *Aprender a viver juntos* desenvolvendo a compreensão do outro e a percepção das interdependências — realizar projetos comuns e preparar-se para gerir conflitos — no respeito pelos valores do pluralismo, da compreensão mútua e da paz.
- *Aprender a ser,* para melhor desenvolver a sua personalidade e estar à altura de agir com cada vez maior capacidade de autonomia, de discernimento e de responsabilidade pessoal. Para isso, não negligenciar na educação nenhuma das potencialidades de cada indivíduo: memória, raciocínio, sentido estético, capacidades físicas, aptidão para comunicar-se.
- Numa altura em que os sistemas educativos formais tendem a privilegiar o acesso ao conhecimento, em detrimento de outras for-

mas de aprendizagem, importa conceber a educação como um todo. Esta perspectiva deve, no futuro, inspirar e orientar as reformas educativas, tanto em nível da elaboração de programas como da definição de novas políticas pedagógicas.

Do livro: **Educação. Um tesouro a descobrir**
DELORS, J., 1998: 101 – 102

ANEXO 4

APRENDER NA EMPRESA E NA ESCOLA: A FORMAÇÃO EM ALTERNÂNCIA NA ALEMANHA

O sistema alemão de formação profissional chamado "sistema dual", ou formação em alternância, suscitou nos últimos anos enorme interesse em todo o mundo. Este sistema de formação é, muitas vezes, considerado como um dos fatores graças aos quais o desemprego dos jovens na Alemanha é relativamente baixo, em comparação com o dos outros países. Pensa-se que permite uma transição, com sucesso, entre a escola e o mundo do trabalho e que reforça a capacidade de adaptação das empresas.

Ao completar os diferentes cursos do ensino geral, mais de dois terços dos jovens optam por uma formação profissional em sistema dual. A maior parte inicia esta formação após nove ou dez anos de escolaridade, aos dezesseis ou dezessete anos. Não lhes é exigida nenhuma condição particular, além da idade mínima (quinze anos).

Neste sistema "duplo" em dois locais de aprendizagem se completam: a empresa e a escola. Os jovens aprendem um ofício numa fábrica, oficina, laboratório, escritório ou no comércio e freqüentam, paralelamente, uma escola profissional, um ou dois dias por semana. A empresa tem aqui um papel determinante. É ela que decide o número de aprendizes que pode tomar a seu cargo (com os quais estabelece um contrato), e é nela que os jovens passam a maior parte do seu tempo de formação. Os dois tipos de ensino são coordenados de modo a assegurar a complementaridade das formações teórica e prática.

No plano institucional, o sistema dual apóia-se num organismo de coordenação, o Instituto Federal de Formação Profissional, que define as formações em colaboração com as organizações patronais e sindicais. O sistema está concebido de maneira evolutiva, de modo a adaptar-se às necessidades de mudança da economia.

A formação em alternância permite que os jovens tenham acesso, ao fim de dois a três anos e meio, a uma qualificação correspondente ao nível de operário (ou empregado) qualificado. Atualmente esta formação abrange cerca de trezentas e citenta profissões homologadas. Muitos jovens obtêm emprego na empresa onde receberam formação.

Fontes: Ministério Federal da Educação e Ciências. **La formation professionnelle en Allemagne,** Bonn, 1994. **Bildung und Wissenschaft** (Educação e Ciência) nº 5-6/92, Bonn, 1992.

Do livro: **Educação. Um tesouro a descobrir**
DELORS, J., 1998: 114.

Impresso por

META
www.metabrasil.com.br